导体和电气设备选型指南丛书

变频器

中国工程建设标准化协会电气专委会
导体和电气设备选择分委员会　组编
周　建　主编

U0260700

中国电力出版社
CHINA ELECTRIC POWER PRESS

内 容 提 要

《导体和电气设备选型指南丛书》是由中国工程建设标准化协会电气专委会导体和电气设备选择分委员会组织编写的一套针对导体和电气设备选型的技术丛书，共 13 分册，本分册为《变频器》。

本书是关于变频器选择和应用的一本实用工程技术书。全书共分 10 章，分别为概述、变频器相关标准、变频器分类、负载分类、变频器容量的选择、控制方式选择、高压变频器主拓扑选择、谐波干扰处理、变频电动机及变频电缆、实例。主要内容包括变频器及负载分类与分析；变频器容量、控制方式以及拓扑分析与选择；并就应用过程中遇到的谐波干扰问题进行了详细分析并介绍了相关的抑制措施；同时还介绍了变频电动机及变频电缆的相关知识；最后给出了详细的实例，实例内容主要涉及发电厂各种应用变频器的场合等。

本书可供从事变频器设计、制造、安装、运行和试验等相关专业的技术人员参考使用。

图书在版编目 (CIP) 数据

变频器/周建主编；中国工程建设标准化协会电气专委会，导体和电气设备选择分委员会组编 · —北京：中国电力出版社，2013.10

（导体和电气设备选型指南丛书）

ISBN 978 - 7 - 5123 - 5053 - 3

Ⅰ.①变… Ⅱ.①周… ②中… ③导… Ⅲ.①变频器 Ⅳ.①TN773

中国版本图书馆 CIP 数据核字（2013）第 240486 号

中国电力出版社出版、发行

（北京市东城区北京站西街 19 号　100005　http：//www. cepp. sgcc. com. cn）

航远印刷有限公司印刷

各地新华书店经售

*

2013 年 10 月第一版　　2013 年 10 月北京第一次印刷

710 毫米×980 毫米　16 开本　7.5 印张　127 千字

印数 0001—3000 册　定价 **30.00** 元

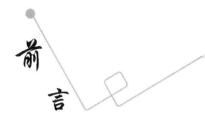

前言

    我国的电力行业随着经济快速增长而高速发展，到 2012 年年底，全国发电机装机容量已突破 11 亿 kW，跃居世界第一。火、水、风、光、核等多样能源犹如百花争艳。国家电网的交流输电电压达到了 750kV、1000kV，直流输电电压达到了 800kV，智能电网的建设方兴未艾。电工装备制造业日新月异。自主创新，促进电力技术发展到了崭新的阶段。

    为了顺应这样的大好形势，也为了总结、梳理、深化和推介导体和设备选型经验，提高设计水平和质量，中国工程建设标准化协会电气专委会导体和电气设备选择分委员决定邀请国内院校、科研、设计、制造等单位的业内专家，联合编撰一套导体和电气设备选型指南丛书，供读者使用。

    本套丛书包括电动机、变压器、互感器、电抗器、开关设备、成套设备、电容补偿设备、变频及启动设备、中性点设备、过电压保护设备、绝缘设备、导体、电缆等 13 个分册。祈望这套丛书能够编撰成：①教科书的延伸；②规程规范的诠释；③设计人员的工具；④招投标的助手；⑤制造厂商的参谋。

    本书为《变频器》分册，全面介绍了变频器原理、选择方法和应用实例。从实际应用角度介绍和分析了变频器的容量、拓扑结构以及控制方式的选择方法，并就不同类型的变频器特点、负载特性以及二者的相互关系，结合应用场合给出了选型原则和选型方法，供电气设计人员、运行人员参考使用，以达到正确选择和使用变频器的目的。鉴于变频器在发电厂中的广泛应用，本书以实例的形式给出了发电厂主要辅机设备的变频器应用案例，从容量选择、拓扑选择、控制方式选择以及各种现场问题的处理措施等方面给予了详细介绍。

    编撰这套丛书是中国工程建设标准化协会电气专委会导体和电气设备选择分委员会应尽的社会责任，在这里，要特别感谢标委会全体委员们的共同努力，感谢国际铜业协会的鼎力支持。由于编写时间仓促，书中难免有疏漏之处，衷心希望广大读者对本套丛书提出宝贵意见。

中国工程建设标准化协会电气专委会

导体和电气设备选择分委员会

2013 年 9 月   北京

目 录

导体和电气设备选型指南丛书

变频器

第 1 章

概　　　述

1.1　调速技术发展概述

1.1.1　直流调速

在工矿企业中，电动机是应用面最广、数量最多的电气设备之一，而且电动机的运动及控制与企业的产品质量和效益密切相关。

过去电动机调速多采用直流调速系统，其优点是调速易于实现，且性能好，但是缺点颇多：

（1）直流电动机结构复杂，成本高，故障多，维护困难，且不适于恶劣的工作环境（如易燃、易爆及粉尘多的场合），经常因火花大而影响生产。

（2）换向器的换向能力限制了电动机的容量和速度。直流电动机的极限容量和速度之积约为 106kW · r/min，因此大型机械的电动机设计制造困难，一般单机容量只能做到 12～15MW。

（3）为改善换向能力，要求电枢漏感小，转子短粗，导致电动机和负载机械的飞轮力矩增大，影响系统动态性能。在动态性能要求高的场合，不得不采用双电枢或三电枢，带来造价高、占地面积大、易共振等一系列问题。

（4）直流电动机除励磁外，全部输入功率都通过换向器流入电枢，电动机效率低，由于转子散热条件差，冷却费用高。

1.1.2　交流调速

交流电动机虽没有上述缺点，但调速困难。近年来，随着电子技术的发展，交流调速的性能已经达到直流传动的水平，装置成本降低到相当或略低于直流传动的程度，而且维修费用及能耗大大降低，可靠性高，因而出现了以交流传动取代直流传动的强烈趋势。采用交流调速的优点是：

（1）减少维修工作量，减少停机时间，提高产量。一般维修量约是直流传动的 1/4。

（2）减小电动机的转动惯量。

（3）节能。

（4）由于交流电动机结构简单，体积小，可形成机电一体化产品。

交流电动机分为同步电动机和异步电动机，均可使用变频调速器，这两种电动机各有特点：

与异步电动机相比同步电动机直接投入电网运行时，存在失步与起动困难两大问题，曾制约着同步电动机变频调速的发展，使得异步电动机本身及变频调速的应用比同步电动机更为广泛。

异步电动机的主要调速方式分为变极对数、变转差率及变频调速三种。

变极对数调速的基本原理是：由 $n_1 = 60 f_1 / p$ 可知，在频率一定时，改变旋转磁场的转速与电动机定子的极对数即可改变同步转速 n_1，从而达到调速的目的。

如果用改变定子极对数的办法来调速则需在电动机运行时改变定子线圈的接法，或在定子绕上独立的 2 套或 3 套不同极对数的线圈，这样势必增加电动机的成本，体积和重量，因为电动机的极对数必须是整数，即 $p = 1, 2, 3, \cdots$，因此这种调速方法只能是跳跃式的有级调速，例如：$p=1(n_1=3000)$，$p=2(n_2=1500)$，$p=3(n_3=1000)$，此种方法是用改变电动机定子绕组接线方式实现调速的，通常得到的是二级，即调速比为 2：1，叫做双速电动机，还有三速、四速电动机，由于设计和制造原因，目前只能做到四速。

变转差率调速又包括转子串电阻调速、定子电压调压调速、电磁转差离合器调速和串级调速四种，然而：①转子串电阻调速速度越低，损耗越大，对于大中容量的绕线转子异步电动机，若要求长期低速下运行，不宜采用此种调速方法；②定子电压调压调速的电动机损耗与转差率成正比，低速时损耗严重，效率很低，降低了电动机的容量运行；③电磁转差离合器调速，低速运行时损耗大，效率低，对要求调速范围较大，不适宜长期运行在低速的设备中，由于机电时间常数大，系统的转动惯量约为一般异步电动机的两倍，不宜用于要求响应快的场合；④串级调速虽然效率较高，但功率因数较低。

异步电动机的变频调速是通过改变定子供电频率来改变同步转速而实现调速的，在调速中从高速到低速都可以保持较小的转差率，效率很高，因而变频调速是异步电动机的一种非常合理的调速方法。随着电力电子技术和微处理器技术的不断发展，现在已经能够提供一种性能高、可靠、稳定的变频电源装置，与结构简单的异步电动机组成调速系统，在调速性能上已能和直流电动机调速系统相媲美。因此，目前异步电动机的变频调速越来越受到人们的注意，已经在很多领域得到了应用。

异步电动机采用变频调速，还有下列优点：

（1）较高的效率和功率因数。

由于异步电动机在调速过程中总是运行在很小的转差率情况下，所以损耗小，效率较高。同时，由电动机学可知，转差率很小时，转子的等效电阻很大，此时转子回路基本上是电阻性的，因而功率因数 $\cos\varphi$ 亦高。

（2）调速范围宽。

频率 f_1 可以在低于和高于工频电源频率的范围内调节，低频率从几赫兹开始，高频则可达几百赫兹，因而具有宽的调速范围。

（3）调速精度高。

由于采用微计算机控制，变频调速系统开环运行时已有相当的精度，若采用速度闭环控制，则可得到很高的调速精度。

因此从调速性能来说，变频调速是交流调速系统中比较理想的调速方法，是目前一种主流的调速方式，并将获得广泛的应用。

1.1.3 变频技术

变频技术是建立在电力电子技术基础之上的。在低压交流电动机的传动控制中，应用最多的功率器件有 GTO（Gate Turn-Off Thyristor），GTR（Giant Transistor），IGBT（Insulated-Gate Bipolar Transistor）及智能模块 IPM（Intelligent Power Module），集 GTR 的低饱和电压特性和 MOSFET（Metal-Oxide-Semiconductor Field-Effect Transistor）的高频开关特性于一体的后两种器件是目前变频器中广泛使用的主流功率器件。采用沟通型栅极技术、非穿通技术等分法大幅度降低集电极—发射极之间饱和电压，使变频器的性能有了很大的提高。20世纪 90 年代末还出现了一种新型半导体开关器件——集成门极换流晶闸管 IGCT（Integrated Gate Commutated Thyristor），该器件是 GTO 和 IGBT 取长补短的结果。总之，电力电子器件正朝着发热减少、高载波控制、开关频率提高、驱动功率减小的方向发展。

IPM 的投入应用比 IGBT 约晚 2 年，由于 IPM 包含了 IGBT 芯片及外围的驱动和保护电路，甚至还有的把光耦也集成与一体，因此是一种更为好用的集成型功率器件。

1.2　基本原理及特点

交流异步电动机和同步电动机的转速表达式分别为

$$n = 60f(1-s)/p, n = 60f/p \qquad (1-1)$$

式中　　n——电动机的转速；

　　　　f——电动机的频率；

　　　　s——电动机转差率；

　　　　p——电动机极对数。

由式（1-1）可知，转速 n 与频率 f 成正比，只要改变频率 f 即可改变电动机的转速，极大地拓宽了电动机转速调节范围。变频器就是通过改变电动机电源频率实现速度调节的，是一种理想的高效率、高性能的调速手段。

变频器一般由整流器、滤波器、驱动电路、保护电路以及控制器等部分组成，如图 1-1 所示，其中控制电路完成对主电路的控制，整流电路将交流电变换成直流电，直流中间电路对整流电路的输出进行平滑滤波，逆变电路将直流电再逆变成交流电。对于如矢量控制变频器这种需要大量运算的变频器来说，有时还需要一个进行转矩计算的 CPU 以及一些相应的电路。

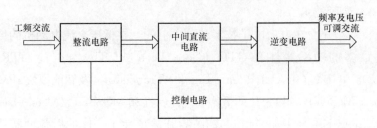

图 1-1　变频器基本结构

其中，整流电路的主要作用是对电网的交流电源进行整流后给逆变电路和控制电路提供直流电源。根据所用整流元器件的不同，整流电路也有多种形式；直流中间电路的作用是为了保证逆变电路和控制电源能够得到较高质量的直流电流或电压，对整流电路的输出进行平滑滤波，以减少电压或电流的波动；逆变电路主要作用是在控制电路的控制下将直流中间电路输出的直流电压或电流转换为具有所需频率的交流电压或电流。逆变电路的输出即为变频器的输出，它被用来实现对异步电动机的调速控制。另外还有制动电路，其作用主要是为了满足电动机制动的需要并有效地利用来自负载的回馈能量，以及其他辅助电路。

1.3 应 用 领 域

所有的生产机械、运输机械在传动时都需要调速。首先，机械起动时，根据不同的要求需要不同的起动时间，这样就要求有不同的起动速度相配合；其次，机械在停止时，由于转动惯量的不等，所以自由停车时间也各不相同，为了达到人们所需求的停车时间，就必须在停车时采取一些调速措施，以满足对停车时间的要求；第三，机械在运行当中，根据不同的情况也要求进行调速，例如，风机、泵类机械为了节能，要根据负载轻重进行调速；机床加工，要根据工件精度的不同进行调速；电梯为了提高舒适度也需要进行调速；生产过程为了提高控制要求，必须进行闭环速度控制等。总结近年来变频器在各个行业的应用情况，如表1-1所示。

表 1-1 变频器应用行业概况一览表

行 业	应 用 领 域
发电厂	锅炉送风机、引风机、锅炉给水泵、排粉风机、循环水泵、低压疏水泵、凝结水泵水位控制、冷却塔给水泵、灰浆（渣）泵、给煤（粉）机等
钢铁行业	轧机辊道、转炉、圆盘给料机、振动给料机、拉丝机、风机、水泵、卸车机、软水供水等
有色冶金行业	除风机、水泵外，转炉、球磨机、泥浆泵、给料（矿）自控系统等
油田行业	脱水泵、潜油电泵，输油的输油泵，输气管道中的风机、压缩机等
炼油行业	各类泵、供水、搅拌装置和锅炉引风机、送风机、输煤、送水以及污水处理等
化工塑胶行业	除风机、水泵外，各工艺生产线（抽丝、纺丝、切片、造粒、烘干等生产工艺），各类搅拌机、挤压机、挤出机、注塑机、卷取辅机等
纺织行业	除风机、水泵，精纺机、整经机、经编机等
医药行业	除风机、水泵外，搅拌机、翻动机、离心机等
造纸行业	造纸机流水线主频调速、造纸机分布传动自动控制
卷烟行业	卷烟机
水工业	污水泵站、一般泵站、单台水泵控制、多台水泵循环控制、恒压供水、深水井恒压供水、软化水恒压供水、污水曝气、滤池反冲
起重搬运设备	民用电梯、卷扬机、桥式起重机等

续表

行　　业	应　用　领　域
锅炉及辅助设备	锅炉鼓风机、空调冷却塔风机（单台）节能控制、空调冷却塔风机（多台）节能控制、锅炉水箱高、低液位及恒压供水控制（器）、锅炉回水温度节能控制、锅炉水箱补水控制（软启动器）
机床行业	数控车床主轴传动、立式车床主轴传动、自动车床主轴传动、旋转平面磨床主轴传动、万能车床主轴传动、整型机传动
建材行业	回转炉主传动器、熟料回转窑拖动、水泥窑尾料浆喂料、鼓风机调调速、水泥熟料破碎机能量回馈装置
矿业	矿用提升机传动、传送带、主扇风机改造、通风风机改用驱动、主排水泵改造
交通行业	机车辅助供电（风机、压缩机、泵类）器控制、地铁车站低压电动机环境控制
民用设备	高层建筑、小区居民楼一次、水箱二次供水、恒压供水、消防应急供水系统、消防生活供水、喷泉、中央空调（HVAC）节能（送风调节、冷却水泵调节等）、音乐喷泉设备、家用洗衣机、农业灌溉、制糖分离机、食品机械驱动、医学治疗仪
印刷包装	胶印机滚筒和送纸装置变速控制、旋转印刷机、丝网印刷机、灌装机、油墨配料、软包装机械——缠膜机、喷涂生产线的吸排气、干式复合机中心卷取

第**2**章

变频器相关标准

GB 755—2008 旋转电机　定额和性能；

GB 18613—2012 中小型三相异步电动机能效限定值及能效等级；

GB/T 3859.1—1993 半导体变流器基本要求的规定；

GB/T 3859.2—1993 半导体变流器应用导则；

GB/T 3859.3—1993 半导体变流器变压器和电抗器；

GB/T 3859.4—2004 半导体变流器　包括直接直流变流器的半导体自换相变流器；

GB/T 5171—2002 小功率电动机通用技术条件；

GB/T 10233—2005 低压成套开关设备和电控设备基本试验方法；

GB/T 12326—2008 电能质量　电压波动和闪变；

GB/T 12497—2006 三相异步电动机经济运行三相异步电动机经济运行；

GB/T 12668.1—2002 调速电气传动系统　第 1 部分：一般要求　低压直流调速电气传动系统额定值的规定；

GB/T 12668.2—2002 调速电气传动系统　第 2 部分：一般要求　低压交流变频电气传动系统额定值的规定；

GB/T 12668.3—2003 调速电气传动系统　第 3 部分：产品的电磁兼容性标准及其特定的试验方法；

GB/T 12668.4—2004 调速电气传动系统　第 4 部分：一般要求　交流电压 1000V 以上但不超过 35kV 的交流调速电气传动系统额定值的规定；

GB/T 13422—1993 半导体电力变流器电气试验方法；

GB/T 13957—2008 大型三相异步电动机基本系列技术条件；

GB/T 14549—1993 电能质量　公用电网谐波；

GB/T 17626 系列标准　电磁兼容　试验和测量技术；

GB/T 20137—2006 三相笼型异步电动机损耗和效率的确定方法；

GB/T 20161—2008 变频器供电的笼型感应电动机应用导则；

GB/T 21209—2007 变频器供电笼型感应电动机设计和性能导则；

DL/T 994—2006 火电厂风机水泵用高压变频器；

JB/T 10315.2—2002 YKK、YKK—W 系列高压三相异步电动机　技术条件（机座号 355～630）；

JB/T 10391—2008 Y 系列（IP44）三相异步电动机　技术条件（机座号 80～355）；

JB/T 10444—2004 Y2 系列高压三相异步电动机　技术条件（机座号 355～560）；

GJB 1552—1992 舰用中、小容量静止变频器通用规范；

IEC 1000-4 EMC 抗干扰标准；

IEC 1800-3 EMC 传导及辐射干扰标准；

IEEE 519—1992 电力系统谐波控制规程和要求；

IEEE 519—ERTA 2004 电力系统谐波控制规程和要求。

第**3**章

变频器分类

在实际应用中，由于低压变频器具有基本统一的拓扑结构，而高压变频器则因实现高压的方式不同而出现多种主拓扑结构。如果按照电压等级划分，低压变频器主要是指 380V，而高（中）压变频器通常指驱动电压等级在 1kV 以上交流电动机的中、大容量变频器，我国主要为 6kV 和 10kV 等级。

另外，还有 690V 低压变频器，我国是自 1990 年能源部颁发《关于推广采用 660V 电压供电的通知》之后，660/690V 电气设备才出现增多趋势，且主要集中在矿山行业。因此 690V 变频器也主要应用于矿井中带式输送机、刮板运输机、给煤机、风机、水泵机油泵、油田潜油电泵等。与 380V 变频器相比，其结构原理与 380V 变频器基本一致，并无本质区别。

就分类而言，变频器的分类标准不一，种类也较为繁多。如，可按照有无直流环节分类，也可按中间直流的性质分类，还可以按照调制方式分类，亦可按照控制方式分类。而就主拓扑而言，低压变频器结构统一，无需分类，而高压变频器则可分为高高变频器和高低高变频器；按输出电平数，可分为两电平、三电平、多电平等变频器；按照钳位方式，可分为二极管钳位型和电容钳位型变频器等。

3.1　按有无直流环节分类

按照有无直流环节可分为交交变频和交直交变频。

3.1.1　交交变频器

因没有中间直流环节而得名。采用晶闸管自然换流方式，工作稳定，可靠。交交变频的最高输出频率是电网频率的 1/3～1/2，在大功率低频范围有较大优势。效率高，主回路简单，不含直流电路及滤波部分，与电源之间无功功率处理以及有功功率回馈容易。但功率因数低，高次谐波多，输出频率低，变化范围窄，使用元件数量多使之应用受到了一定的限制。另外，近几年出现的新型交交直接变频器——矩阵式变频器，由九个直接接于三相输入和输出之间的开关阵组成。矩阵变换器没有中间直流环节，输出由三个电平组成，谐波含量比较小；其功率电路简单、紧凑，并可输出频率、幅值及相位可控的正弦负载电压；矩阵变换器的输入功率因数可控，可在四象限工作。但存在实现较为困难、最大输出电压能力低、器件承受电压高等缺点。

3.1.2　交直交变频器

比较常见，因有中间直流环节而得名。其基本原理如 1.2 节所述。

按照中间直流性质分类，可分为电流型和电压型变频器。

1. 电流型变频器

由于在变频器的直流环节采用了电感元件而得名，其优点是具有四象限运行能力，能很方便地实现电动机的制动功能。缺点是需要对逆变桥进行强迫换流，装置结构复杂，调整较为困难。另外，由于电网侧采用可控硅移相整流，故输入电流谐波较大，容量大时对电网会有一定的影响。

2. 电压型变频器

由于在变频器的直流环节采用了电容元件而得名，其特点是不能进行四象限运行，当负载电动机需要制动时，需要另行安装制动电路。功率较大时，输出还需要增设正弦波滤波器。

3.2　按调制方式分类

按照调制方式可分为 PAM 控制、PWM 控制和高频载波 SPWM 控制三种方式。

3.2.1　PAM（Pulse Amplitude Modulation）控制

脉冲振幅调制控制的简称，是一种在整流电路部分对输出电压（电流）的幅值进行控制，而在逆变电路部分对输出频率进行控制的控制方式。因为在 PAM 控制的变频器中逆变电路换流器件的开关频率即为变频器的输出频率，所以这是一种同步调速方式。

由于逆变电路换流器件的开关频率（以下简称载波频率）较低，在使用 PAM 控制方式的变频器进行调速驱动时具有电动机运转噪声小，效率高等特点。但是，由于这种控制方式必须同时对整流电路和逆变电路进行控制，控制电路比较复杂。此外，这种控制方式也还具有当电动机进行低速运转时波动较大的缺点。

3.2.2 PWM（Pulse Width Modulation）控制

脉冲宽度调制控制的简称，是在逆变电路部分同时对输出电压（电流）的幅值和频率进行控制的控制方式。在这种控制方式中，以较高频率对逆变电路的半导体开关元器件进行开闭，并通过改变输出脉冲的宽度来达到控制电压（电流）的目的。为了使异步电动机在进行调速运转时能够更加平滑，目前在变频器中多采用正弦波 PWM 控制方式。所谓正弦波 PWM 控制方式指的是通过改变 PWM 输出的脉冲宽度，使输出电压的平均值接近于正弦波。这种控制方式也称为 SP-WM 控制。采用 SPWM 控制方式的变频器具有可以减少高次谐波带来的各种不良影响，转矩波动小，而且控制电路简单，成本低等特点，是目前在变频器中采用最多的一种逆变电路控制方式。但是，该方式也具有当载波频率不合适时会产生较大的电动机运转噪声的缺点。为了克服这个缺点，在采用 SPWM 控制方式的新型变频器中都具有一个可以改变变频器载波频率的功能，以便使用户可以根据实际需要改变变频器的载波频率，从而达到降低电动机运转噪声的目的。

图 3-1 给出了电压型 PAM 控制和 PWM 控制变频器的基本结构和正弦波 PWM 的波形示意图。

3.2.3 高载波频 SPWM（Sine Pulse Width Modulation）控制

这种控制方式原理上实际是对 PWM 控制方式的改进，是为了降低电动机运转噪声而采用的一种控制方式。在这种控制方式中，载频被提高到人耳可以听到的频率（10～20kHz）以上，从而达到降低电动机噪声的目的。这种控制方式主要用于低噪声型的变频器，也将是今后变频器的发展方向。由于这种控制方式对换流器件的开关速度有较高的要求，所用换流器件只能使用具有较高开关速度的 IGBT 或 MOSFET 等半导体元器件，目前在大容量变频器中的利用仍然受到一定限制。但是，随着电力电子技术的发展，具有较高开关速度的换流元器件的容量将越来越大，所以预计采用这种控制方式的变频器也将越来越多。

PWM 控制和高载频 PWM 控制都属于异步调速方式，即变频器的输出频率不等于逆变电路换流器件的开关频率。

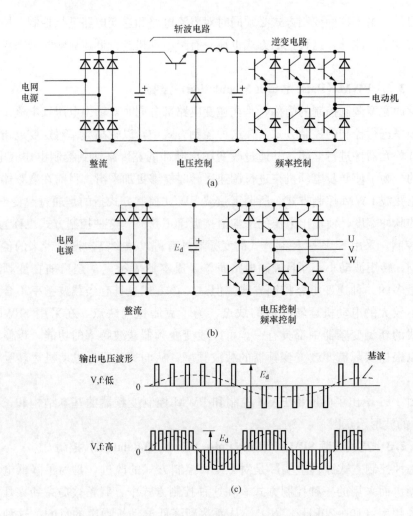

图 3-1 PAM 控制和 PWM 控制变频器的基本结构和正弦波 PWM

（a）电压型 PAM 控制；（b）电压型 PWM 控制；（c）正弦波 PWM 的波形

3.3 按逆变器控制方式分类

按照逆变器控制方式可分为 V/f 控制、转差频率控制、矢量控制和直接转矩控制等方式。

3.3.1 V/f 控制变频器

V/f 控制是一种比较简单的控制方式。它的基本特点是对变频器输出的电压和频率同时进行控制，通过 V/f（电压和频率的比）的值保持一定而得到所需的转矩特性。采用 V/f 控制方式的变频器控制电路成本较低，多用于对精度要求不太高的通用变频器。

3.3.2　转差频率控制变频器

转差频率控制方式是对 V/f 控制的一种改进。在采用这种控制方式的变频器中，电动机的实际速度由安装在电动机上的速度传感器和变频器控制电路得到，而变频器的输出频率则由电动机的实际转速与所需转差频率的和被自动设定，从而达到在进行调速控制的同时控制电动机输出转矩的目的。

转差频率控制是利用了速度传感器的速度闭环控制，并可以在一定程度上对输出转矩进行控制，所以和 V/f 控制方式相比在负载发生较大变化时仍能达到较高的速度精度和具有较好的转矩特性。但是，由于采用这种控制方式时需要在电动机上安装速度传感器，并需要根据电动机的特性调节转差，通常多用于厂家指定的专用电动机，通用性较差。

3.3.3　矢量控制变频器

矢量控制是 20 世纪 70 年代由前西德 Blaschke 等人首先提出来的对交流电动机的一种新的控制思想和控制技术，也是交流电动机的一种理想的调速方法。矢量控制的基本思想是将异步电动机的定子电流分为产生磁场的电流分量（励磁电流）和与其相垂直的产生转矩的电流分量（转矩电流）并分别加以控制。由于在这种控制方式中必须同时控制异步电动机定子电流的幅值和相位，即控制定子电流矢量，这种控制方式称为矢量控制方式。

矢量控制方式使对异步电动机进行高性能的控制成为可能。采用矢量控制方式的交流调速系统不仅在调速范围上可以与直流电动机相匹敌，而且可以直接控制异步电动机产生的转矩。所以已经在许多需要进行精密控制的领域得到了应用。

由于在进行矢量控制时需要准确地掌握对象电动机的有关参数，这种控制方式过去主要用于厂家指定的变频器专用电动机的控制。但是，随着变频调速理论和技术的发展以及现代控制理论在变频器中的成功应用，目前在新型矢量控制变频器中已经增加了自调整（Auto-tuning）功能。带有这种功能的变频器在驱动异步电动机进行正常运转之前可以自动地对电动机的参数进行辨识，并根据辨识结果调整控制算法中的有关参数，从而使得对普通的异步电动机进行有效的矢量控制也成为可能。

3.3.4　直接转矩控制变频器

1985 年德国学者 Depenbrock 教授提出直接转矩控制，其思路是把电动机和逆变器看成一个整体，采用空间电压矢量分析方法在定子坐标系进行磁通、转矩计算，通过跟踪型 PWM 逆变器的开关状态直接控制转矩。因此，无需对定子电流进行解耦，免去矢量变换的复杂计算，控制结构简单。

直接转矩控制技术，是利用空间矢量、定子磁场定向的分析方法，直接在定子坐标系下分析异步电动机的数学模型，计算与控制异步电动机的磁链和转矩，采用离散的两点式调节器（Band—Band 控制），把转矩检测值与转矩给定值作比较，使转矩波动限制在一定的容差范围内，容差的大小由频率调节器来控制，并产生 PWM 脉宽调制信号，直接对逆变器的开关状态进行控制，以获得高动态性能的转矩输出。它的控制效果不取决于异步电动机的数学模型是否能够简化，而是取决于转矩的实际状况，它不需要将交流电动机与直流电动机作比较、等效、转化，即不需要模仿直流电动机的控制，由于它省掉了矢量变换方式的坐标变换与计算和为解耦而简化异步电动机数学模型，没有通常的 PWM 脉宽调制信号发生器，所以它的控制结构简单、控制信号处理的物理概念明确、系统的转矩响应迅速且无超调，是一种具有高静、动态性能的交流调速控制方式。

3.4　按有无中间低压回路分类

按有无中间低压回路，高压变频器可分为高低高变频器和高高变频器。

3.4.1　高低高变频器

采用升、降压的办法，将低压或通用变频器应用在中、高压环境中而得名。原理是通过降压变压器，将电网电压降到低压变频器额定或允许的电压输入范围内，经变频器的变换形成频率和幅度都可变的交流电，再经过升压变压器变换成电动机所需要的电压等级。这种方式，由于采用标准的低压变频器，配合降压、升压变压器，故可以任意匹配电网及电动机的电压等级，容量小的时候（＜500kW)改造成本比直接高压变频器低。缺点是升降压变压器体积大，比较笨重，频率范围易受变压器的影响。一般高低高变频器可分为电流型和电压型两种。高低高电流型变频器，在低压变频器的直流环节由于采用了电感元件而得名。输入侧采用可控硅移相控制整流，控制电动机的电流，输出侧为强迫换流方式，控制电动机的频率和相位。能够实现电动机的四象限运行；高低高电压型变频器，在低压变频器的直流环节由于采用了电容元件而得名。输入侧可采用可控硅移相控制整流，也可以采用二极管三相桥直接整流，电容的作用是滤波和储能。逆变或变流电路可采用 GTO，IGBT，IGCT 或 SCR 元件，通过 SPWM 变换，即可得到频率和幅度都可变的交流电，再经升压变压器变换成电动机所需要的电压等级。需要指出的是，在变流电路至升压变压器之间还需要置入正弦波滤波器（F），否则升压变压器会因输入谐波或 dv/dt 过大而发热，或破坏绕组的绝缘。该正弦波滤波器成本很高，一般相当于低压变频器的 1/3 到 1/2 的价格。

3.4.2　高高变频器

高高变频器无需升降压变压器，功率器件在电网与电动机之间直接构建变换器。由于功率器件耐压问题难于解决，目前国际通用做法是采用器件串联的办法来提高电压等级，其缺点是需要解决器件均压和缓冲难题，技术复杂，难度大。但这种变频器由于没有升降压变压器，故其效率比高低高方式的高，而且结构比较紧凑。高高变频器也可分为电流型和电压型两种。高高电流型变频器，它采用 GTO，SCR 或 IGCT 元件串联的办法实现直接的高压变频，目前电压可达 10kV。由于直流环节使用了电感元件，其对电流不够敏感，因此不容易发生过流故障，逆变器工作也很可靠，保护性能良好。其输入侧采用可控硅相控整流，输入电流谐波较大。变频装置容量大时要考虑对电网的污染和对通信电子设备的干扰问题。均压和缓冲电路技术复杂，成本高。由于器件较多，装置体积大，调整和维修都比较困难。逆变桥采用强迫换流，发热量也比较大，需要解决器件的散热问题。其优点在于具有四象限运行能力，可以制动。需要特别说明的是，该类变频器由于较低的输入功率因数和较高的输入输出谐波，故需要在其输入输出侧安装高压自愈电容；高高电压型变频器电路结构采用 IGBT 直接串联技术，也叫直接器件串联型高压变频器。其在直流环节使用高压电容进行滤波和储能，输出电压可达 10kV，其优点是可以采用较低耐压的功率器件，串联桥臂上的所有 IGBT 作用相同，能够实现互为备用，或者进行冗余设计。缺点是不具有四象限运行功能，制动时需另行安装制动单元。这种变频器同样需要解决器件的均压问题，一般需特殊设计驱动电路和缓冲电路。对于 IGBT 驱动电路的延时也有极其苛刻的要求。一旦 IGBT 的开通、关闭的时间不一致，或者上升、下降沿的斜率相差太悬殊，均会造成功率器件的损坏。

3.5 按钳位方式分类

按照钳位方式分类，可分为二极管钳位型变频器和电容钳位型变频器。

3.5.1 二极管钳位型变频器

它既可以实现二极管中点钳位，也可以实现三电平或更多电平的输出，其技术难度比直接器件串联型变频器低。由于直流环节采用了电容元件，因此它仍属于电压型变频器。这种变频器需要设置输入变压器，它的作用是隔离与星角变换，能够实现12脉冲整流，并提供中间钳位零电平。通过辅助二极管将IGBT等功率器件强行钳位于中间零电平上，从而使IGBT两端不会因过压而烧毁，又实现了多电平的输出。这种变频器结构，输出可以不安装正弦波滤波器。

3.5.2 电容钳位型变频器

它采用同桥臂增设悬浮电容的办法实现了功率器件的钳位，目前这种变频器应用的比较少。

另外近年还出现了单元串联多电平变频器，它主要由输入变压器、功率单元和控制单元三大部分组成。采用模块化设计，由于采用功率单元相互串联的办法解决了高压的难题而得名，可直接驱动交流电动机，无需输出变压器，更不需要任何形式的滤波器。整套变频器共有18个功率单元，每相由6台功率单元相串联，并组成Y形连接，直接驱动电动机。每台功率单元电路、结构完全相同，可以互换，也可以互为备用。变频器的输入部分是一台移相变压器，原边Y形连接，副边采用延边三角形连接，共18副三相绕组，分别为每台功率单元供电。它们被平均分成Ⅰ、Ⅱ、Ⅲ三大部分，每部分具有6副三相小绕组，之间均匀相位偏移10°。该变频器的特点如下：采用多重化PWM方式控制，输出电压波形接近正弦波；整流电路的多重化，脉冲数多达36，功率因数高，输入谐波小；模块化设计，结构紧凑，维护方便，增强了产品的互换性；直接高压输出，无需输出变压器；极低的dv/dt输出，无需任何形式的滤波器；采用光纤通讯技术，提高了产品的抗干扰能力和可靠性；功率单元自动旁通电路，能够实现故障不停机功能。

第 4 章

负载分类

不同的负载，其控制精度、转矩大小、节能效果等方面的特性各不相同。采用变频调速时，如果所选变频器与负载不匹配，则会造成调速性能不佳、不能充分发挥变频器性能、节能效果不理想，甚至出现故障等不利状况。

4.1 恒转矩负载及其特性

4.1.1 转矩特点

在不同的转速下，负载的转矩保持不变，即负载转矩 T_L 的大小与转速 n_L 的高低无关，T_L＝常数，其机械特性曲线如图 4-1 （b）所示。

4.1.2 功率特点

负载的功率 P_L（单位为 kW）、转矩 T_L（单位为 N·m），与转速 n_L 之间的关系是：

$$P_L = \frac{T_L n_L}{9550} \qquad (4-1)$$

上式表明，恒转矩负载的功率与转速成正比，其功率曲线如图 4-1 （c）所示。

4.1.3 典型实例

带式输送机基本结构和工作情况如图 4-1 （a）所示。当带式输送机运动时，其运动与负载阻力方向相反。其负载转矩的大小与阻力的关系为

$$T_L = Fr$$

式中　F——传动带与滚筒间的摩擦阻力（N）；

　　　r——滚筒的半径（m）。

由于 F 和 r 都和转速的快慢无关，所以在调节转速 n_L 的过程中，转矩 T_L

17

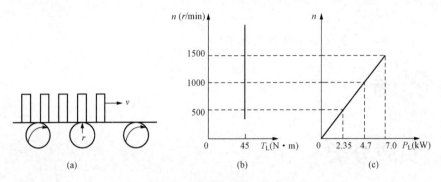

图 4-1　恒转矩负载及其特性
（a）带式输送机；（b）机械特性；（c）功率特性

保持不变，即具有恒转矩的特点。

4.2　恒功率负载及其特性

各种卷取机械是恒功率负载类型，如造纸机械。

4.2.1　功率特点
在不同的转速下，负载的功率基本保持不变，有

$$P_{\mathrm{L}} = 常数 \tag{4-2}$$

即，负载功率的大小与转速的高低无关，其功率特性曲线如图 4-2（c）所示。

4.2.2　转矩特点
由式（4-1）知

$$T_{\mathrm{L}} = \frac{9550 P_{\mathrm{L}}}{n_{\mathrm{L}}} \tag{4-3}$$

即负载转矩的大小与转速成反比，如图 4-2（b）所示。

4.2.3　典型实例
各种薄膜的卷取机械如图 4-2（a）所示。其工作特点是：随着"薄膜卷"的卷径不断增大，卷取辊的转速应逐渐减小，以保持薄膜的线速度保持不变，从而也保持了张力的恒定。而负载转矩的大小为

$$T_{\mathrm{L}} = Fr \tag{4-4}$$

式中　F——卷取物的张力，在卷取过程中，要求张力保持保持不变；

　　　r——卷取物的卷取半径，随着卷取物不断地卷绕到卷取辊上，r 将越来越大。

由于具有以上特点，因此在卷取过程中，拖动系统的功率是恒定的：

$$P_L = Fv = 常数 \tag{4-5}$$

式中 v——卷取物的线速度。

随着卷绕过程的不断进行，被卷物的直径则不断加大，负载转矩也不断加大。如图 4-2（b）所示。

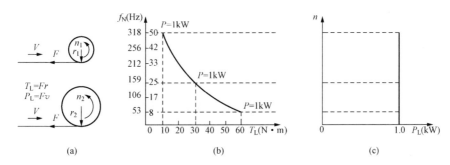

图 4-2 恒功率负载及其特性

（a）薄膜卷；（b）机械特性；（c）功率特性

4.3 二次方律负载（风机泵类负载）及其特性

二次方律负载也称为平方转矩负载、泵、风机类负载，离心式风机和水泵都属于典型的二次方律负载。

4.3.1 转矩特点
负载的转矩 T_L 与转速 n_L 的二次方成正比，即

$$T_L = K_T n_L^2 \tag{4-6}$$

4.3.2 功率特点
将上式代入（4-1）中，可得负载的功率 P_L 与转速 n_L 的三次方成正比，即

$$P_L = \frac{K_T n_L^2 n_L}{9550} = K_P n_L^3 \tag{4-7}$$

式中 K_P——二次方律负载的功率常数。

其功率特性曲线如图 4-3（c）所示。

4.3.3 典型实例
以风机为例，如图 4-3（a）所示。事实上，即使在空载的情况下，电动机的输出轴上也会有损耗转矩 T_0，如摩擦转矩等。因此，严格地讲，其转矩表达

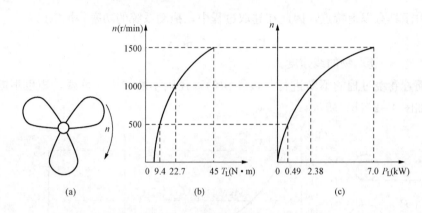

图 4 - 3　二次方律负载及其特性

(a) 风扇叶片；(b) 机械特性；(c) 功率特性

式应为

$$T_{L} = T_{0} + K_{T} n_{L}^{2} \tag{4-8}$$

功率表达式为

$$P_{L} = P_{0} + K_{P} n_{L}^{3} \tag{4-9}$$

式中　P_{0}——空载损耗；

　　　n_{L}——风扇转速；

　　　K_{T}——负载转矩常数；

　　　K_{P}——二次方律负载的功率常数。

4.4　其 他 性 质 的 负 载

4.4.1　直线型负载

轧钢机和碾压机等都是直线型负载。

(1) 转矩特点。负载转矩 T_{L} 与转速 n_{L} 成正比：

$$T_{L} = K'_{T} n_{L} \tag{4-10}$$

其机械特性曲线如图 4 - 4 (b) 所示。

(2) 功率特点。将上式代入式 (4 - 1) 中，可知负载的功率 P_{L} 与转速 n_{L} 的二次方成正比：

$$P_{L} = K'_{T} n_{L} n_{L} / 9550 = K'_{P} n_{L}^{2} \tag{4-11}$$

式中　K'_{T} 和 K'_{P}——直线型负载的转矩常数和功率常数。

功率特性曲线如图 4-4（c）所示。

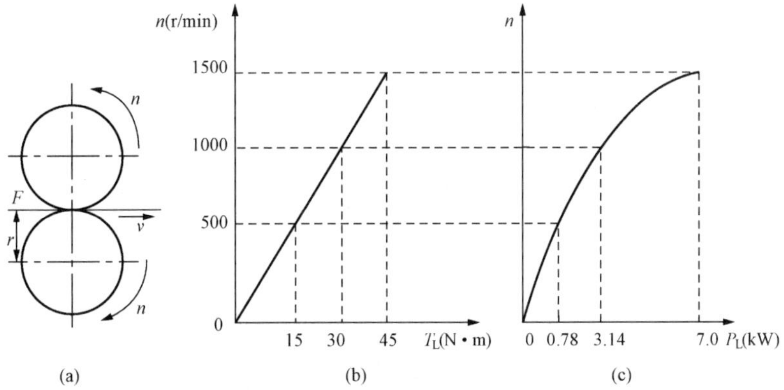

图 4-4 直线型负载及其特性
(a) 碾压机示意图；(b) 机械特性；(c) 功率特性

（3）典型实例。碾压机如图 4-4（a）所示。负载转矩的大小决定于

$$T_L = Fr \tag{4-12}$$

式中　F——辗压辊与工件间的摩擦阻力（N）；

　　　r——辗压辊的半径（m）。

在工件厚度相同的情况下，要使工件的线速度 v 加快，必须同时加大上下辗压辊间的压力（从而也加大了摩擦力 F），即摩擦力与线速度 v 成正比，故负载的转矩与转速成正比。

4.4.2 混合特殊型负载及其特性

大部分金属切削机床是混合特殊型负载的典型例子。金属切削机床中的低速段，由于工件的最大加工半径和允许的最大切削力相同，故具有恒转矩性质；而在高速段，由于受到机械强度的限制，将保持切削功率不变，属于恒功率性质。以某龙门刨床为例，其切削速度小于 25m/min 时，为恒转矩特性区，切削速度大于 25m/min 时，为恒功率特性区。其机械特性如图 4-5（a）所示，而功率特性则如图 4-5（b）所示。

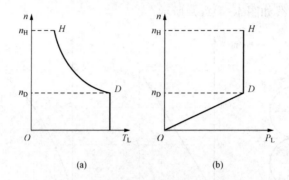

图 4-5　混合负载的机械特性和功率特性

（a）机械特性；（b）功率特性

第5章

变频器容量的选择

表征变频器输出能力的参数是额定输出电流。它是指在容许温度和额定电压条件下，能够连续输出的电流值，也称连续额定电流。在进行变频器容量选择时，该参数占有较为重要的地位。与电动机匹配时，首要的是确定该参数，而电动机功率则只是选择变频器容量的主要参照值。

与此密切相关的另一个参数是过流能力，它由容许过电流倍数和过电流时间两个条件决定。一般变频器容许过电流倍数最大只有 150%，时间限制在 60s 以内，故又称为短时过流能力，也就是变频器的短时过载能力。衡量变频器是否符合系统要求，特别是启动特性要求，其过载能力是必须考虑的问题。

一般来讲，变频器容量选择可分三步：①了解负载性质和变化规律，计算出负载电流的大小或作出负载电流图 $I = f(t)$；②预选变频器容量；③校验预选变频器，必要时进行过载能力和起动能力的校验。若满足上述要求，则预选的变频器容量便选定了；否则从②开始重新进行，直到通过为止。在满足生产机械要求的前提下，所选变频器容量越小越经济。

5.1 变频器容量的确定

当运行方式不同时，变频器容量的计算方式和选择方法不同，变频器应满足的条件也不一样。选择变频器容量时，变频器的额定电流是一个关键量，变频器的容量应按运行过程中可能出现的最大工作电流来选择。变频器的运行一般有以下几种方式。

5.1.1 连续运转时所需的变频器容量的计算

由于变频器传给电动机的是脉冲电流，其脉动值比工频供电时电流要大，因此须将变频器的容量留有适当的余量。此时，变频器应同时满足以下两个条件：

$$S_{CN} \geqslant \frac{KP_M}{\eta\cos\varphi}(\text{kVA}) \qquad\qquad (5\text{-}1)$$

$$I_{CN} \geqslant KI_M(\text{A}) \qquad\qquad (5\text{-}2)$$

式中：P_M、η、$\cos\varphi$、I_M 分别为电动机输出功率、效率（如未知，对于容量在 3kW 以上的可取 0.85）、功率因数（如未知，对于容量在 3kW 以上的可取 0.75）、电压（V）、电流（A）；K 为电流波形的修正系数，通常取 1.1；S_{CN} 为变频器的额定容量（kVA）；I_{CN} 为变频器的额定电流（A）。

5.1.2　短时加减速时变频器容量的选择

按照 GJB 1552—1992《舰用中、小容量静止变频器通用规范》中规定，变频器在额定输出电压下，应能承受 125% 额定电流，持续时间大于 1min。

DL/T 994—2006《火力发电厂风机水泵用高压变频器》中规定，变频器的过载能力为 140% 额定负载电流，持续时间为 3s，110% 额定负载电流，持续时间为 60s。

变频器的最大输出转矩是由变频器的最大输出电流决定的。一般变频器，对于短时的加减速而言，变频器允许达到额定输出电流的 130%～150%（视变频器厂家和变频器容量而定，国家标准为 110%～140%），与此对应的输出转矩也可以增大；反之，如只需要较小的加减速转矩时，则可降低一档选择变频器的容量。

5.1.3　频繁加减速运转时变频器容量的选定

加速、恒速、减速等各种运行状态下的电流值，按下式确定：

$$I_{1CN} = \left[(I_1t_1 + I_2t_2 + \cdots + I_5t_5)/(t_1 + t_2 + \cdots + t_5)\right]K_0 \qquad (5\text{-}3)$$

式中　　I_{1CN}——变频器额定输出电流（A）；

I_1、I_2、$\cdots$、I_5——各运行状态平均电流（A）；

t_1、t_2、$\cdots$、t_5——各运行状态下的时间；

K_0——安全系数（运行频繁时取 1.2，其他条件下为 1.1）。

5.1.4　一台变频器传动多台电动机，且多台电动机并联运行，即成组传动

用一台变频器使多台电动机并联运转时，对于一小部分电动机开始起动后，再追加投入其他电动机起动的场合，此时变频器的电压、频率已经上升，追加投入的电动机将产生大的起动电流，因此，变频器容量与同时起动时相比需要大些。

以变频器短时过载能力为 150%，1min 为例计算变频器的容量，此时若电

动机加速时间在 1min 内，则应满足以下两式

$$P_{CN} \geqslant \frac{2}{3} P_{CN1}\left[1+\frac{n_S}{n_T}(K_S-1)\right] \tag{5-4}$$

$$I_{CN} \geqslant \frac{2}{3} n_T I_M\left[1+\frac{n_S}{n_T}(K_S-1)\right] \tag{5-5}$$

若电动机加速在 1min 以上时

$$P_{CN} \geqslant P_{CN1}\left[1+\frac{n_S}{n_T}(K_S-1)\right] \tag{5-6}$$

$$I_{CN} \geqslant n_T I_M\left[1+\frac{n_S}{n_T}(K_S-1)\right] \tag{5-7}$$

$$P_{CN1} = KP_M n_T/\eta\cos\varphi$$

式中　n_T——并联电动机的台数；

　　n_S——同时起动的台数；

　　P_{CN1}——连续容量（kVA）；

　　P_M——电动机输出功率；

　　η——电动机的效率（约取 0.85）；

　　$\cos\varphi$——电动机的功率因数（常取 0.75）；

　　K_S——电动机起动电流/电动机额定电流；

　　I_M——电动机额定电流；

　　K——电流波形正系数（取 1.1）；

　　P_{CN}——变频器容量（kVA）；

　　I_{CN}——变频器额定电流（A）。

变频器驱动多台电动机，但其中可能有一台电动机随时投入或退出运行。此时变频器的额定输出电流可按下式计算：

$$I_{1CN} \geqslant K\sum_{i=1}^{j} I_{MN} + 0.9I_{MQ} \tag{5-8}$$

式中　I_{1CN}——变频器额定输出电流（A）；

　　I_{MN}——电动机额定输入电流（A）；

　　I_{MQ}——最大一台电动机的起动电流（A）；

　　K——安全系数，一般取 1.05～1.10；

　　j——余下的电动机台数。

5.1.5　电动机直接起动时所需变频器容量的计算

通常，三相异步电动机直接用工频起动时，起动电流为其额定电流的 5～7

25

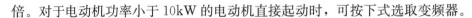

倍。对于电动机功率小于 10kW 的电动机直接起动时，可按下式选取变频器。

$$I_{1CN} \geqslant I_K / K_g \tag{5-9}$$

式中　I_K——在额定电压、额定频率下电动机起动时的堵转电流（A）；

　　　K_g——变频器的允许过载倍数，$K_g = 1.3 \sim 1.5$。

在运行中，如电动机电流不规则变化，此时不易获得运行特性曲线，应将电动机最大转矩对应的电流限制在变频器的额定输出电流内。

5.1.6　大惯性负载起动时变频器容量的计算

通用变频器过载容量通常多为 125%、60s 或 150%、60s。需要超过此值的过载容量时，必须增大变频器的容量。这种情况下，一般按下式计算变频器的容量

$$P_{CN} \geqslant \frac{K n_M}{9550 \eta \cos\varphi} \left(T_L + \frac{GD^2}{375} \cdot \frac{n_M}{t_A} \right) \tag{5-10}$$

式中：GD^2 为换算到电动机轴上的转动惯量值（N·m²）；T_L 为负载转矩（N·m）；η、$\cos\varphi$、n_M 分别为电动机的效率（取 0.85），功率因数（取 0.75），额定转速（r/min）；t_A 为电动机加速时间（s），由负载要求确定；K 为电流波形的修正系数，一般取 1.1；P_{CN} 为变频器的额定容量（kVA）。

5.1.7　轻载电动机时变频器的选择

当电动机轻载时，其电流也较大，即使在空载时也会流过额定电流的30%～50%的励磁电流。而且，轻载启动时的启动电流与额定负载启动时一样，都与负载转矩无关，启动电流也会很大。因此在轻载时变频器的容量选择与额定负载时一致。

5.2　变频器起动加速能力的校验

在电动机起动（加速）的过程中电动机不仅要负担稳速运行的负载转矩，还要负担加速转矩，如果生产机械对起动（加速）时间无特殊要求，可适当延长起动（加速）时间来避让峰值电流。若生产机械对起动（加速）时间有一定要求，就要慎重考虑。

如前所述，变频器的允许电流与过程时间呈反时限关系。如果电动机起动（加速）时，其电流小于变频器的过载能力，则预选容量通过，如果电动机起动（加速）时，其电流已达到变频器的过载能力，而要求的加速时间又与变频器过载能力规定的时限发生冲突，这时，变频器的容量应在预选容量的基础上增容。

例如，对起重机实施变频调速时，由于起重机对电动机转矩要求较高，尤其是其过载能力要求较高。其配套电动机在选择时已经进行过载校验，而变频器的过载能力大多为 150％额定电流下每 10min 最多允许运行 1min；200％额定电流下每 15s 最多允许运行 2s，如果仍然沿用之前的容量和额定电流选择方法，则势必会造成变频器过载能力不够。因此，选择时应根据转矩—频率特性并考虑过载时间进行校验，如不满足需在原选方案的基础上增大变频器容量。

另外，为了增大加速能力和启动扭矩，可以选择矢量控制或者直接转矩控制方式；加大扭矩提升值；增加变频器的容量；或者同时增加电动机容量和变频器容量。为了增加再生制动扭矩，可以增加变频器容量，此方法对于含有再生制动电路的变频器有效；或者使用大的制动单元或增加制动单元的数量，如果制动单元的容量大于变频器的容量，需要增加变频器的容量。

以上介绍的是几种不同情况下变频器的容量计算与选择方法，具体选择容量时，既要充分利用变频器的过载能力，又要不至于在负载运行时使装置超温。有些制造厂（如 ABB 公司）还备有确定装置定额软件，只要用户提出明确的负载图就可以确定装置的输出定额。

变频器

第 6 章

控 制 方 式 选 择

6.1 一 般 性 能 要 求

在变频器容量基本确定之后,主要根据负荷类型选择和负荷的调速要求,选择合适的控制方式。笼统地讲,变频器的选择应与负载特性相适应,但是如果仅从转矩特性考虑,恒转矩负载特性的通用变频器由于具有较好的转矩特性尚可用于风机、水泵类负载,但这会造成变频器无法充分发挥其性能,而平方转矩负载(风机、泵类)特性的变频器则不能用于恒转矩负载特性的负载。但是,有些通用型变频器却适用于各种负载。

对于恒转矩负载变频器选择时,需要考虑调速范围、负载变动范围以及负载对机械特性的要求等方面。

在调速范围不大、对机械特性的硬度要求也不高的情况下,可考虑选择较为简易的只有 V/f 控制方式的变频器,或无反馈的矢量控制方式;转矩变动范围较大的负载,由于 V/f 控制方式不能同时满足重载与轻载时的要求,应当考虑采用矢量控制方式;当调速范围很大,负载对机械特性要求较高,负载对动态响应性能也有较高要求,应考虑采用有反馈的矢量控制方式。

风机类、泵类负载是工业现场应用最多的设备,变频器在这类负载上的应用最多,它是一种平方转矩负载。对于该类负载变频器的选择,一般情况下,具有 V/f 控制方式的变频器基本都能满足这类负载的要求,而且目前大部分生产变频器的工厂都提供了"风机、水泵专用变频器",可以选用,但要注意以下几点:

(1)风机和水泵。一般不容易过载,所以,这类变频器的过载能力较低,为 120%,1min(通用变频器为 150%,1min)。因此在进行功能预置时必须注意。由于负载的转矩与转速的平方成正比,当工作频率高于额定频率时,负载的转矩有可能大大超过变频器额定转矩，使电动机过载。所以，其最高工作频率不得超过电动机额定频率50Hz。

（2）启/停时变频器加速时间与减速时间的匹配。由于风机和泵的负载转动惯量比较大，其启动和停止时与变频器的加速时间和减速时间匹配是一个非常重要的问题。在变频器选型和应用时，应根据负荷参数计算变频器的加速时间和减速时间来选择最短时间，以便在变频器启动时不发生过流跳闸和变频器减速时不发生过电压跳闸的情况。但有时在生产工艺中，对风机和泵的启动时间要求很严格，如果上述计算的时间不能满足需求时，应该对变频器进行重新设计选型。

在设置加减速时间时，虽然可以利用以下公式进行计算 $t_a = \dfrac{(J_M + J_L) \times n}{9.56 \times (T_{Md} - T_L)}$，$t_d = \dfrac{(J_M + J_L) \times n}{9.56 \times (T_{Mb} - T_L)}$，其中 t_a 为加速时间，t_d 为减速时间，J_M 为电动机惯量，J_L 为负载惯量，T_{Md} 为驱动转矩，T_{Mb} 为制动转矩，T_L 为负载转矩，n 为额定转速。但是，该方法往往不实用。较为简单的方法，可采取试探的办法，首先，使拖动系统以额定转速运行（工频运行），然后切断电源，使拖动系统处于自由制动状态，用秒表计算其转速从额定转速下降到停止所需的时间。加减速时间可首先按自由制动时间的1/2到1/3进行预置。通过起、停电动机观察有无过电流、过电压报警，调整加减速时间设定值，以运转中不发生报警为原则，重复操作几次，便可确定出最佳加减速时间。

另外，加减速曲线也有三种基本形式：线性曲线、S形曲线和半S形曲线。线性曲线，频率与时间成正比，适用于一般要求的场合；S形曲线，先慢、中快、后慢，起动、制动时平稳，适用于传送带、电梯等对起动有特殊要求的场合；半S形曲线，如果缓慢变化阶段在高频段，则适用于泵类和风机类负载，缓慢变化阶段在低频段则适用于大惯性负载。还有其他一些更为复杂的加减速曲线，需根据负载要求设置。

（3）避免共振。由于变频器是通过改变电动机的电源频率来改变电动机转速实现节能效果的，就有可能在某一电动机转速下与负荷轴系的共振点、共振频率重合，造成负荷轴系不能容忍的振动，有时会造成设备停运或设备损坏，所以在变频器功能参数选择和预置时，应根据负荷轴系的共振频率，通过设定跳跃频率点和宽度，避免系统发生共振现象。

（4）憋压与水锤效应。泵类负载在实际运行过程中，容易发生憋压和水锤效应，所以变频器选型时，在功能设定时要针对这个问题进行单独设定。

　　1）憋压。泵类负载在低速运行时，由于关闭出口门使压力升高，从而造成泵汽蚀。在变频器功能设定时，通过限定变频器的最低频率来限定泵流量的临界点最低转速，可避免此类现象的发生。

　　2）水锤效应。泵类负载在突然停止时，由于泵管道中的液体重力而倒流。若逆止阀不严或没有逆止阀，将导致电动机反转，因电动机发电而使变频器发生故障或烧坏。在变频器系统设计时，应使变频器按减速曲线停止，在电动机完全停止后再断开主电路，或者设定"断电减速停止"功能，可避免该现象的发生，加减速时间及曲线的设置可参考前述内容。

　　目前，国内外已有众多生产厂家定型生产多个系列的变频器，使用时应根据实际需要选择满足使用要求的变频器。

　　（1）对于风机和泵类负载，由于低速时转矩较小，对过载能力和转速精度要求较低，故选用普通的变频器。

　　（2）对于希望具有恒转矩特性，但在转速精度及动态性能方面要求不高的负载，可选用无矢量控制型的变频器。

　　（3）对于低速时要求有较硬的机械特性，并要求有一定的调速精度，在动态性能方面无较高要求的负载，可选用带速度反馈的矢量控制型的变频器。

　　（4）对于某些对调速精度及动态性能方面都有较高要求，以及要求高精度同步运行的负载，可选用带速度反馈的矢量控制型的变频器。

　　当然，在选择变频器时，除了考虑以上因素以外，价格和售后服务等其他因素也应考虑。

6.2　控制方式及其适用场合

　　控制方式从原理上可以分为基于电动机稳态模型的控制方式和基于电动机动态模型的控制方式，前者包括 V/f 控制方式和转差频率控制方式，后者包括矢量控制方式和直接转矩控制方式。

6.2.1　V/f 控制

　　又称 VVVF（Variable Voltage and Variable Frequency）控制模式。V/f 控制是电压随频率同时变化，通用变频器主要是采用正弦波脉宽调制 SPWM 方式。逆变器的控制脉冲发生器通常是由频率设定值 f_g 和电压设定值 U_g 控制的，而 f_g 和 U_g 之间的关系是由 V/f 曲线发生器决定的。因此，变频器输出频率 f 和输出电压之间的关系就是 V/f 曲线发生器所确定的关系。

1. V/f 控制原理

V/f 控制是在改变频率的同时控制变频器输出电压，使电动机磁通保持一定，在较宽的调速范围内，电动机的效率、功率因数不下降。因为是控制电压（Voltage）与频率（Frequency）的比，称为 V/f 控制。作为变频器调速控制方式，V/f 控制比较简单，多用于通用变频器、风机、泵类机械的节能运转及生产流水线的工作台传动等。另外，空调等家用电器也采用 V/f 控制的变频器。

异步电动机的同步转速由电源频率和电动机极数决定，在改变频率时，电动机的同步转速随着改变。当电动机负载运行时，电动机转子转速略低于电动机的同步转速，即存在滑差。滑差的大小和电动机的负载大小有关。

保持 V/f 恒定控制是异步电动机变频调速的最基本控制方式，它在控制电动机的电源频率变化的同时控制变频器的输出电压，并使二者之比 V/f 为恒定，从而使电动机的磁通基本保持不变。

电动机定子的感应电动势

$$E_1 = 4.44 K_{w1} \Phi f_1 W_1 \tag{6-1}$$

式中　K_{w1}——电动机绕组系数；

f_1——电源频率；

W_1——电动机绕组匝数；

Φ——每极磁通。

电动机端电压和感应电动势的关系式为

$$V_1 = E_1 + (r_1 + jx_1)I_1 \tag{6-2}$$

在电动机额定运行情况下，电动机定子电阻和漏电抗的压降较小，电动机的端电压和电动机的感应电动势近似相等。由式（6-1）可以看出，当电动机电源频率变化时，若电动机电压不随着改变，那么电动机的磁通将会出现饱和或欠励磁。例如当电动机的频率 f 降低时，若继续保持电动机的端电压不变，即继续保持电动机的感应电动势 E 不变，那么由式（6-1）可知，电动机的磁通 Φ 将增大。由于电动机设计时电动机的磁通常处于接近饱和值，磁通的进一步增大将导致电动机出现饱和。磁通出现饱和后将会造成电动机中流过很大的励磁电流，增加电动机的铜损耗和电动机的铁损耗。而当电动机出现欠励磁时，将会影响电动机的输出转矩。因此，在改变电动机频率时应对电动机的电压或电动势进行控制，以维持电动机的磁通不变。显然，若在电动机变频控制时，能保持 V/f 为恒定，可以维持磁通恒定。

图 6-1 是采用恒定 V/f 比控制的异步电动机变压变频调速的转矩特性曲线，

31

图中横坐标为转速，纵坐标为转矩。由图可以看出，随着频率的变化，转矩特性的直线段近似为一组平行线，电动机的最大转矩相同，但产生最大转矩的滑差不同，所对应的滑差频率不变。由于电动机的电动势检测比较困难，考虑到在电动机正常运转时电动机的电压和电动势近似相等，通过控制 V/f 比一定以保持磁通为恒定。但是采用 V/f 比一定控制，在频率降低后，电动机的转矩有所下降。这是由于低速时的定子电阻压降所占比重增大，电动机的电压和电动势近似相等的条件已不满足。

　　V/f 比一定的控制方式常用在通用变频器上。这类变频器主要用于风机、水泵的调速节能，以及对调速范围要求不高的场合。V/f 控制的突出优点是可以进行电动机的开环速度控制。V/f 比一定的控制存在的主要问题是低速性能较差。其原因是低速时异步电动机定子电阻压降所占比重增大，已不能忽略，不能认为定子电压和电动机感应电动势近似相等，仍按 V/f 比一定的控制已不能保持电动机磁通恒定。电动机磁通的减小，势必造成电动机的电磁转矩减小。图 6 - 2 是按 V/f 比一定控制时的转速—转矩特性。

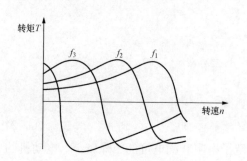

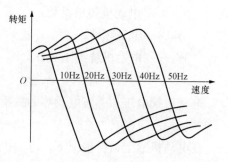

图 6 - 1　采用恒定 V/f 比控制的异步
电动机变压变频调速的转矩特性曲线

图 6 - 2　转速—转矩特性（V/f 比一定）

　　除了定子漏阻抗的影响外，变频器桥臂上下开关元件的互锁时间是影响电动机低速性能的重要原因。对电压型变频器，考虑到电力半导体器件的导通和关断均需一定时间，为了防止桥臂上下元件在导通/关断切换时出现直通，造成短路而损坏，在控制导通时设置一段开关导通延迟时间。在开关导通延迟时间内，桥臂上下电力半导体器件均处于关断状态，因此又将开关导通延迟时间称为互锁时间。互锁时间的长短与电力半导体器件的种类有关。对于大功率晶体管 GTR，互锁时间为 10～30μs，对于绝缘栅双极型晶体管 IGBT，互锁时间为 3～10μs。由于互锁时间的存在，变频器的输出电压将比控制电压低。互锁时间造成的电压降还会引起转矩脉动，在一定条件下将会引起转速、电流的振荡，严重时变频器不能运行。

可以采用补偿端电压的方法，即在低速时适当提升电压，以补偿定子电阻压降和开关互锁时间的影响。补偿后的电压—频率变化曲线如图 6-3 所示。采用电压补偿后的转速—转矩特性如图 6-4 所示。

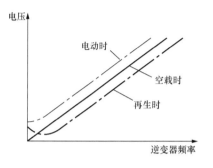
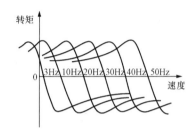

图 6-3　端电压的补偿　　　　　图 6-4　有电压补偿的转速—转矩特性

图 6-5 所示为异步电动机的加减速情况。其中图（a）为起动特性。起动频率为 3Hz，之后频率逐步上升，并以转差频率大体为一定值向着目标速度 n_B 加速，如图中箭头所示。图（b）为从稳定状态稍许使频率升高、增速时的情况；图（c）为使频率稍许下降、减速时的情况。两种情况转矩的变化用箭头示出。其中斜线部分为各自的加速转矩和减速转矩。

以上的叙述，是假定逆变器的输出波形为正弦波。但是，考察由逆变器供电的异步电动机电流转矩持性时，必须考虑到逆变器输出波形中除基波外，还含有若干高次谐波的影响。在这种情况下，分别考察基波分量与高次谐波分量之后，可以将它们叠加合成。

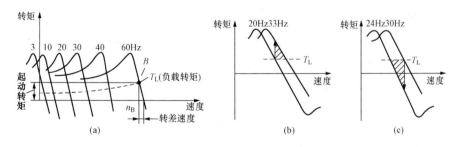

图 6-5　异步电动机的加减速情况

（a）起动；（b）加速；（c）减速

当前异步电动机调速总体控制方案中，V/f 控制方式是最早实现的调速方式。其主要特点可以总结如下：该控制方案结构简单，通用性强且造价较低，通过调节逆变器输出的电压实现电动机的速度调节，根据电动机参数，设定 V/f 曲线，其可靠性高。但是，由于属于速度开环控制方式，调速精度和动态响应特性并不是非常理想。尤其是在低速区域由于定子电阻的压降不容忽视而使电压调整比较困难，不能得到较大的调速范围和较高的调速精确度，而且低速输出转矩减少，带载能力下降。异步电动机存在转差率，转速随负荷力矩变化而改变，即使目前有些变频器具有转差补偿功能及转矩提升功能，也难以实现 0.5% 的精度，所以采用 V/f 控制的异步电动机开环调速适用于精度要求不高的场合，如风机、水泵、等机械。对于高性能变频器控制系统，V/f 控制方式是不能满足要求的。

2. V/f 控制适用范围

V/f 控制方式变频器是最基本的，适用于二次方律负载（风机、泵类），也可用于调速范围较小，负载变化较小且对调速精度要求不高的各种设备。特别应该注意的是 V/f 控制变频器适用于驱动多台异步或同步电动机的变频调速。如，送风机、引风机、循环水泵、给水泵等。

6.2.2　转差频率控制

通常采用 V/f 控制时，电动机转速随负载的增加而有所下降，由此，使得 V/f 控制的静态调速精度较差，为提高调速精度，采用转差频率控制方式。这种控制方式在调速系统中需安装速度传感器，属闭环控制。

1. 转差频率控制原理

(1) 转差频率控制的基本思想。

转速开环、电压或电流闭环的变频调速系统只能用于调速精度不太高的一般平滑调速场合，要继续提高系统的静、动态性能，就必须进行转速闭环控制。由于异步电动机的电磁转矩与气隙磁通、转子电流、转子功率因数均有关，其中的主要参变量转差率又难以直接测量，增加了对异步电动机变频调速系统进行闭环控制来进一步提高系统动态性能的难度。本节论述的转差频率控制系统是一种模拟控制拖动转矩，近似保持控制过程中磁通恒定的转速闭环变频调速方案，理论上可以获得与直流电动机闭环调速系统相似的调速性能。

按照异步电动机的拖动转矩表达式

$$T_e = C_m \Phi_m I'_2 \cos\varphi_2$$

$$\cos\varphi_2 = \frac{R'_2}{\sqrt{R'^2_2 + (s\omega_1 L'_{l_2})^2}}$$

$$I'_2 = \frac{sE_g}{\sqrt{R'^2_2 + (s\omega_1 L'_{l_2})^2}}$$

式中：C_m 为电动机常数；ω_1 为电压角频率；s 为转差率；E_g 为定子感应电动势；R'_2、L'_{l_2} 分别为折算到定子侧的转子每相电阻和漏电感。

于是
$$T_e = C_m\Phi_m \frac{sE_g R'_2}{R'^2_2 + (s\omega_1 L'_{l_2})^2}$$

定义 $\omega_s = s\omega_1$ 为转差角频率，则有

$$T_e = \frac{C_m\Phi_m E_g R'_2 \omega_s}{R'^2_2 + (\omega_s L'_{l_2})^2}$$

如果在控制过程中使 $\omega_s \leqslant \dfrac{R'_2}{L'_{l_2}}$，一般使 $\omega_s \leqslant (2\% \sim 5\%)\omega_1$，分母中可略去 $(\omega_s L'_{l_2})^2$ 项，得

$$T \approx \frac{C_m\Phi_m E_g \omega_s}{R'_2}$$

将 $K_m = \dfrac{3}{\sqrt{2}} pN_1 k_{N1}$ 和 $E_g = \dfrac{4.44}{2\pi}\omega_1 N_1 k_{N1}\Phi_m$ 代入上式可得

$$T_e \approx \frac{K_m \Phi_m^2 \omega_s}{R'_2}$$

式中：$C_m = \dfrac{3}{2} pN_1^2 k_{N1}^2$，为电动机常数。

转差频率控制的基本思想就是基于上述推导而来，只要：①限制转差角频率的最大值 ω_{sm}；②保持主磁通恒定 Φ_m；③控制转差角频率 ω_s；就能控制异步电动机的转矩 T_e。

（2）主磁通恒定对定子电流的控制要求。

通过控制 ω_s 来控制转矩 T_e 是在保持 Φ_m 不变的前提下实现的，于是问题转换为如何保持 Φ_m 不变，现在需要分析 Φ_m 与电动机电流的关系。

由电动机学可知，Φ_m 与励磁电流 I_0 成正比，参考感应电动机的一相等效电路有

$$\dot{I}_0 = \dot{I}_1 - \dot{I}'_2 = \dot{I}_1 - \dot{I}_1 \frac{j\omega_1 L_m}{j\omega_1 L_m + j\omega_1 L'_{l_2} + \dfrac{R'_2}{s}}$$

$$= \dot{I}_1 \frac{j\omega_1 L'_{l_2} + \dfrac{R'_2}{s}}{j\omega_1 L_m + j\omega_1 L'_{l_2} + \dfrac{R'_2}{s}} = \dot{I}_1 \frac{j\omega_s L'_{l_2} + R'_2}{j\omega_s(L_m + L'_{l_2}) + R'_2}$$

于是，$I_0 = I_1 \sqrt{\dfrac{\omega_s^2 L_{l_2}'^2 + R_2'^2}{\omega_s^2 (L_m + L_{l_2}')^2 + R_2'^2}}$。

可见系统中要维持 Φ_m 不变，即 I_0 恒定，就需要实现以下函数关系

$$I_1 = I_0 \sqrt{\frac{\omega_s^2 (L_m + L_{l_2}')^2 + R_2'^2}{\omega_s^2 L_{l_2}'^2 + R_2'^2}}$$

由上式作出 I_1 与 ω_s 的关系函数曲线，如图 6-6 所示。曲线纵坐标上的 I_0 为理想空载 $\omega_s = 0$ 时，$I_1 = I_0$ 的数值。曲线渐近线为 $\omega_s \rightarrow \infty$，$I_1 \rightarrow I_0 \times$ $\left(\dfrac{L_m + L_{l_2}'}{L_{l_2}'}\right)$，无论 ω 为正为负 I_1 曲线均为正值，左右对称。只要控制异步电动机的定子电流 I_1 满足图 6-6 的函数要求，就能实现气隙磁通 Φ_m 不变。

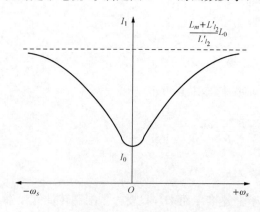

图 6-6　保持 Φ_m 恒定时 I_1 与 ω_s 关系曲线

（3）转差频率控制的转速闭环变频调速系统。

转差频率控制的转速闭环变频调速系统结构见图 6-7，该系统为了获得较好的动态响应，而且便于回馈制动，采用了交-直-交电流型变频器作为主电路。

图 6-7 中给定值 U_ω^* 对应转子希望转速，测速反馈给出转子实际速的反馈量 U_ω，转差率调节器对二者的偏差进行 PI 调节运算后，得到系统所需的转差频率给定值 $U_{\omega s}^*$，对逆变侧即下路控制通道，转差频率给定值 $U_{\omega s}^*$ 加上实际转速的反馈量恰好应该作为定子旋转磁场同步转速的给定值 $U_{\omega 1}^*$，因此被用来控制变频器的供电频率，而对整流侧即上路控制通道，按照恒磁通 Φ_m 对 I_1 的要求，转差频率给定值 $U_{\omega s}^*$ 还必须转换为定子电流给定 U_{i1}^*，系统中的电流按照该设定进行调节。

$U_{\omega s}^* - U_{i1}^*$ 转换由函数发生器来完成，可以设计各种电路去分段模拟图 6-6 所要求的函数曲线。此外，系统中的频率给定滤波环节是为了保持频率控制通道与电流控制通道动态过程的一致性。

该系统限制转差角频率 ω_s 的方法更为简单，只要限制转差率调节器的输出幅值 $U_{\omega sn}^*$ 即可。

综上所述的闭环变频调速系统，实现了转差频率控制的基本思想：能够在控

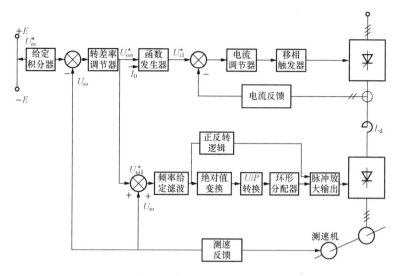

图 6-7 转差频率控制的变频调速系统结构图

制过程中保持磁通 Φ_m 的恒定，能够限制转差频率的变化范围，且通过调节转差率调节异步电动机的电磁转矩。类似于不变励磁，调节电枢电流 I_d 来调节拖动转矩的转速、电流双闭环直流调速系统。但这种转差频率控制的闭环变频调速系统并不能完全达到直流双闭环系统的静、动态性能水平，主要原因分析如下：

（1）转差频率控制思想的获得，是从异步电动机的稳态等效电路和稳态转矩公式出发的，因此所得到的保持 Φ_m 不变的条件只在稳态情况下成立，而在动态中该条件是不成立的，因此，该系统无法维持动态过程中的恒定 Φ_m。

（2）电流调节器所控制的 i_1 只是电流幅值，无法控制电流相位，因此动态过程中转矩并不与 i_1 的相位同步，这样会延缓动态转矩的变化过程。

（3）非线性函数 $U_{i1}^* = f(U_{\omega s})$ 的分段模拟运算是有一定误差的。

（4）实际转速检测信号 U_ω 的误差会以正反馈的方式影响同步转速的给定值 $U_{\omega 1}^* = U_\omega + U_{\omega s}^*$。

由异步电动机机械特性可知，当负载从空载逐渐增大时转速随之下降，即出现转差 Δn，用供电电源频率表示即转差频率 Δf，如将 Δf 与速度设定值 f 叠加后作为变频调速的频率设定值 fg（$fg = \Delta f + f$），这就是转差频率补偿控制。转差频率控制的 V/f 比最简单的 V/f 控制的静态调速精度有较大提高。一般可达 $0.7\% \sim 1.0\%$，动态特性也较好。

2. 转差频率控制适用范围

该控制方式变频器适用于调速范围较大，对静态调速精度要求较高，而对调速系统动特性要求较高的各种恒转矩负载。如，纺纱机、细纱机、卷扬机等。

6.2.3　矢量控制（Vector Control）方式

1. 矢量控制原理

变频器的矢量控制是 20 世纪 70 年代开始迅速发展起来的一种新型控制思想。由于通过矢量的坐标变换能使交流电动机获得直流电功机一样良好的动态调速特性，使得这种变频器成为交流电动机获得理想调速性能的重要途径。

异步电动机的矢量控制是仿照直流电动机的控制方式，把定子电流的磁场分量和转矩分量解耦开来，分别加以控制。这种解耦，实际上是把异步电动机的物理模型等效地变换成类似于直流电动机的模式。等效变换的方法借助于坐标变换，等效的原则是：在不同坐标系下电动机模型所产生的磁动势相同。

异步电动机的三相静止绕组 U、V、W 通以三相平衡电流 i_u、i_v、i_w，产生合成旋转磁动势 F_1。F_1 以同步角速度 ω_1 按 U、V、W 的相序所决定的方向旋转，如图 6-8（a）所示。产生同样旋转磁动势 F_1 不一定必须要三相，如图 6-8（b）所示的两个互相垂直的静止绕组 α 和 β，通入两相对称电流，可以产生相同的旋转磁动势 F_1，只是必须确定 $i_{\alpha 1}$、$i_{\beta 1}$ 和 i_u、i_v、i_w 之间的换算关系。利用这种换算关系可以完成三相静止坐标系到两相静止坐标系的变换，即 U、V、W 轴系列到 α、β 轴系之间的坐标变换。如果选择互相垂直且以同步角频率 ω_1 旋转的 M、T 两相旋转绕组，如图 6-8（c）所示，只要在其中通以直流电流 i_{m1} 和 i_{t1}，也可以产生相同的旋转磁动势 F_1。显然 i_{m1}、i_{t1} 和 $i_{\alpha 1}$、$i_{\beta 1}$ 之间也存在确定的变换关系。找到这种关系，就可以完成从 α、β 两相静止坐标系到 M、T 两相旋转坐标系之间的坐标变换。从 M、T 坐标系去观察，M 和 T 绕组是通直流电的静止绕组。如果人为控制磁通 Φ 的位置，使之与 M 轴相一致，则 M 轴绕组相当于直流电动机的励磁绕组，T 轴绕组相当于直流电动机的电枢绕组。

在进行异步电动机的数学模型变换时，定子三相绕组和转子三相绕组都必须变换到等效的两相绕组上。等效的两相模型两轴相互垂直，它们之间没有互感的耦合关系，不像三相绕组那样，任意两相之间都有互感的耦合。等效的两相模型可以建立在静止坐标系 α、β 上，也可以建立在同步旋转坐标系 M、T 上，建立在同步旋转坐标系上的模型有一个突出的优点，即当三相变量是正弦函数时，等效的两相模型中的变量是直流量。如果再将两相旋转坐标系按转子磁场定向，即将 M、T 坐标系的 M 轴取在转子全磁链 ψ_2 的方向上，T 轴取在超前其 $90°$ 的方向上，则在 M、T 坐标系中电动机的转矩方程可以简化，且和直流电动机的转矩方程十分相似。

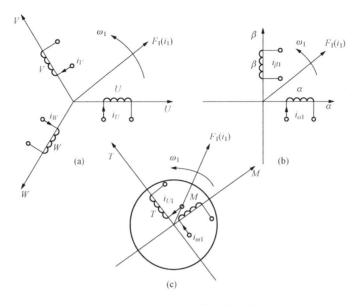

图 6 - 8　交流电动机等效物理模型

(a) 三相交流绕组；(b) 等效二相交流绕组；(c) 等效直流旋转绕组

　　根据上述坐标变换的设想，三相坐标系下的交流电流 U、V、W 通过三相/二相变换可以等效成两相静止坐标系下的交流电流 $i_{\alpha 1}$、$i_{\beta 1}$；再通过按转子磁场定向的旋转变换，可以变换成同步旋转坐标系下的直流电流 i_{m1}、i_{t1}，此时从 M、T 坐标系上观察，便是一台直流电动机。上述变换关系的基本结构图如图 6 - 9 中双线框内的部分。从整个系统看，U、V、W 三相交流输入，异步电动机输出转速 ω_r；从内部过程分析，由于经过了三相/二相变换和同步旋转变换，异步电动机如同一台输入为 i_{m1}、i_{t1}，输出为 ω_r 的直流电动机。

　　把异步电动机等效成直流电动机，模仿对直流电动机的控制方法，可求出等效的直流电动机的相应控制量及其相互关系，经反变换，再控制异步电动机，即图 6 - 9 中的二相/三相变换和三相/二相变换，VR^{-1} 和 VR 变换的作用实际上相互抵消，长方形框外可看成一个直流调速系统，系统的动态性能显著提高。

　　目前，通用变频器的矢量控制技术，是按转子磁场定向来控制的，如图 6 - 10 所示。图中，我们取 α 轴和 U 轴重合，M 轴与转子全磁链 ψ_2 重合，M 轴和 U 轴（α 轴）相角 θ_1，$\theta_1 = \int \omega_1 \mathrm{d}t$，$\omega_1 = 2\pi f_1$ 为定子电流的角频率。定子磁动势的电流矢量为 i_1，它分解成 M 轴方向上的励磁分量 i_{m1} 和 T 轴方向上的分量 i_{t1}，异步

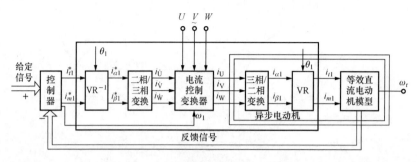

图 6 - 9　矢量变换控制的基本结构图

VR—同步旋转变换；θ_1—M 轴与 U 轴间夹角；VR^{-1}—反旋转变换

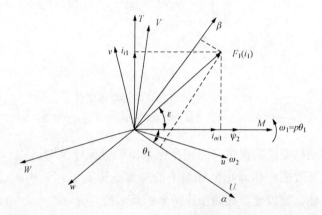

图 6 - 10　U、V、W、α、β 和 M、T 坐标系及磁动势空间矢量

电动机的励磁转矩为

$$T = n_p \frac{L_m}{L_r} \psi_2 i_{t1}$$

$$\psi_2 = \frac{L_m}{1 + T_2 p} i_{m1}$$

式中　L_m——定转子之间的互感；L_r 转子电感，$L_r = L_m + l_2$（l_2 为转子漏电感）；

　　　T_2——转子时间常数，$T_2 = L_r / r_2$；

　　　n_p——电动机转速；

　　　p——电动机极对数。

　　在转子磁场定向中，要保持 i_{m1} 恒定，即保持 ψ_2 恒定，则电磁转矩与定子电流的有功分量 i_{t1} 成正比。可检测并控制的异步电动机的量是定子三相电流 i_u、i_v

和 i_w。为此，必须经过类似图 6-9 所示的一系列坐标变换和反变换，才能在控制电路中按控制直流量 i_{m1} 和 i_{t1} 的方式进行调节，而在电动机端再回到交流量控制。

矢量控制是当前工业系统变频调速控制的主流，它通过分析电动机的数学模型，然后对电压、电流等变量进行解耦而实现的。矢量控制变频器可以分别对异步电动机的磁通和转矩电流进行检测和控制，自动改变电压和频率，使指令值和检测实际值达到一致，从而实现了变频调速。其主要特点是：这种调速方式大大提高了电动机控制的静态精度和动态品质。转速控制精度能达到 0.5%，并且具有较快的响应速度。同时，使用矢量控制策略的调速系统可以实现控制结构简单、可靠性较高的优点。主要表现在：可以从令转速起进行速度控制，调速范围很广；对转矩的控制较为精确；系统的动态响应速度快；电动机的加速性能好。

矢量控制主要有两种控制方式：一种是基于转差频率的矢量控制方式，它需要在电动机轴上安装速度传感器，故又称有速度传感器的矢量控制方式。另一种是无速度传感器的矢量控制方式。矢量控制是将交流电动机的定子电流分解为磁场分量电流和转矩分量电流分别进行控制，以获得优良的动态性能，例如优良的低频特性加减速特性，转矩特性和电流限制特性。然而在实际应用中，由于转子磁链难以准确观测，系统特性受电动机参数的影响较大，且在等效直流电动机控制过程中，所用矢量旋转变换较复杂致使实际控制效果不是很理想。

2. 有速度传感器矢量控制适用范围

此种变频器通常采用脉冲速度传感器（旋转编码器等）实测转速，计算转差频率，控制定子绕组旋转磁场。该种矢量控制方式的主要技术特性为：

调速范围＞100：1；

静态调速精度：±0.02%；

转速上升时间（ms）：≤60；

转矩上升时间（ms）：约 15。

适用于调速范围大，调速精度高和优良的动态性能的恒转矩或卷绕类恒功率负载。如，卷（轧）染机，预缩整理机，多电动机传动浆纱机、粗纱机、整经机等。

3. 无速度传感器矢量控制变频器适用范围

该种变频器、电动机轴上不需要安装速度传感器，结构简化，可靠性提高。无速度传感器矢量控制变频器系根据实测的定子电压、电流计算出与转速有关的量，即通过计算转差频率来控制定子绕组的旋转磁场。其特点是动态性能较好，低速转矩较大（1Hz 时转矩可达 150％额定转矩），转矩可以控制和观测，但低速时由于定子电压、电流等参数较小，取得的模型参数不准确，无法辨识，因此低速时变频器实际已改为 V/f 控制，可见，无速度传感器矢量控制变频器不适用于长期低速运行。无速度传感器矢量控制变频器在 10∶1 调速范围内，静态调速精度可达 0.5％，转速上升时间约为 100 ms，动态响应较好。

该种变频器适用于调速范围不太大（10∶1 以内），调速精度要求稍高，动态响应要求不太高的恒转矩负载或恒功率负载。如，大部分棉纺、毛纺、织造和染整机械均可选用。

6.2.4　直接转矩控制方式

1. 直接转矩控制原理

直接转矩控制（DTC）变频器是利用空间电压矢量 PWM（SVPWM），通过磁链、转矩的直接控制。确定逆变器的开关状态。磁通轨迹控制还可用于普通的 PWM 控制，实行开环或闭环控制。

（1）PWM 逆变器输出电压的矢量表示。

三相交流电压是正弦波，其相电压表示形式为：

$$\begin{cases} u_U = \dfrac{1}{\sqrt{3}} U_m \sin(\omega t) \\[2mm] u_V = \dfrac{1}{\sqrt{3}} U_m \sin\left(\omega t - \dfrac{2}{3}\pi\right) \\[2mm] u_W = \dfrac{1}{\sqrt{3}} U_m \sin\left(\omega t + \dfrac{2}{3}\pi\right) \end{cases} \tag{6-3}$$

式中　U_m——线电压的最大值，空间矢量 U 定义为

$$U = u_U + r u_V + r^2 u_W \tag{6-4}$$

$$r = e^{j\frac{2}{3}\pi}$$

将式（6-3）代入式（6-4），整理后可得

$$U = \sqrt{3} U_m e^{-j\omega t}$$

由此可知，对于三相正弦交流电压，它的瞬时空间电压矢量是以角速度 ω 旋转的矢量，不同时刻，它处于不同的位置。

由于磁通是电压的时间积分函数，对瞬时空间电压矢量积分，可得到磁通矢量，即

$$\Phi = \int U \mathrm{d}t = \sqrt{3} \frac{1}{\omega} U_m e^{j\left(\omega t - \frac{\pi}{2}\right)} \tag{6-5}$$

由式（6-5）可知，磁通矢量比电压矢量相位滞后 $\frac{\pi}{2}$，其轨迹为以 $\frac{\sqrt{3}}{\omega}U_m$ 为半径的圆。

异步电动机由正弦电压供电时，气隙磁场是圆形旋转磁场，磁通矢量轨迹处在以一定速度均匀旋转的圆上，电动机的转矩没有脉动。根据这一规律，变频器在进行 PWM 控制时，让电动机磁通轨迹在近似圆周上均匀移动，可以减小转矩的脉冲，并可控制电动机的转矩。

为计算变频器输出电压的瞬时空间电压矢量，将电压型逆变器主电路简化为图 6-11，假定该主电路直流侧带有中性点，且与电动机的中性点相连接。

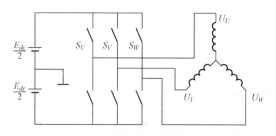

图 6-11 三相逆变器主电路简图

将三相桥臂的上侧开关导通状态记为“$S_1 = 1$”，下侧开关导通状态记为“$S_1 = 0$”。当 $S_1 = 1$ 时，电动机的相电压等于 $\frac{1}{2}E_{dc}$；当 $S_1 = 0$ 时，电动机的相电压等于 $-\frac{1}{2}E_{dc}$。用 $U_{(S_U, S_V, S_W)}$ 表示三相逆变器的电压矢量，S_U、S_V、S_W 分别为 U、V、W 相桥臂的开关状态。于是，三相逆变器的输入和输出关系可以用开关函数来描述。三相输出电压为

$$\begin{bmatrix} u_U \\ u_V \\ u_W \end{bmatrix} = \begin{bmatrix} S_U & \overline{S_U} \\ S_V & \overline{S_V} \\ S_W & \overline{S_W} \end{bmatrix} \begin{bmatrix} \frac{1}{2}E_{dc} \\ -\frac{1}{2}E_{dc} \end{bmatrix} \qquad (6-6)$$

式中，$\overline{S_U}$、$\overline{S_V}$、$\overline{S_W}$ 分别为对应开关状态的非，即相反的状态。

三相输出线电压为

$$\begin{bmatrix} u_{UV} \\ u_{VW} \\ u_{WU} \end{bmatrix} = \begin{bmatrix} S_U - S_V \\ S_V - S_W \\ S_W - S_U \end{bmatrix} E_{dc} \qquad (6-7)$$

直流输入电流为

$$i_{dc} = \begin{bmatrix} S_U & S_V & S_W \end{bmatrix} \begin{bmatrix} i_U \\ i_V \\ i_W \end{bmatrix} \qquad (6\text{-}8)$$

由式（6-8）可知，当 $S_U = S_V = S_W$ 时，逆变器的直流输入电流 $i_{dc} = 0$；否则，直流输入电流为某一相线电流值。

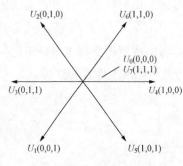

图 6-12　逆变器的电压矢量

将式（6-6）的三相逆变器的输出电压代入空间电压矢量的表达式（6-8），则逆变器的电压矢量如图 6-12 所示。

以 $U_5(1, 0, 1)$ 为例，由式（6-6）有

$$U_U = \frac{1}{2}E_{dc} \\[2pt] U_V = -\frac{1}{2}E_{dc} \\[2pt] U_W = \frac{1}{2}E_{dc} \qquad (6\text{-}9)$$

代入式（6-8）可得图 6-12 所示的电压矢量 $U_5(1, 0, 1)$。

三相逆变器的空间电压矢量共有 8 种，分别为 $U_0(0, 0, 0)$，$U_1(0, 0, 1)$，$U_2(0, 1, 0)$，$U_3(0, 1, 1)$，$U_4(1, 0, 0)$，$U_5(1, 0, 1)$，$U_6(1, 1, 0)$，$U_7(1, 1, 1)$。其中 $U_0(0, 0, 0)$ 和 $U_7(1, 1, 1)$ 为零矢量，矢量的模为零，它对应逆变器的三个桥臂的上部开关器件（或下部开关器件）同时处于导通（或关断）状态，因而电动机的三相绕组处于短路状态。

（2）磁通轨迹控制。

电压矢量的积分是磁通矢量，按图 6-12 所示选择空间电压矢量，使磁通的轨迹在圆周上，就得到了磁通轨迹控制。这种控制首先要选好电矢量，其次要确定所选择的开关状态的持续时间。

逆变器每一次开关动作都将产生磁通的微小变化。设逆变器的开关状态为 $U_1(S_U、S_V、S_W)$，开关的持续时间为 Δt，则电动机经过 Δt 时间，由电压矢量 $U_1(S_U、S_V、S_W)$ 所产生的磁通增量 $\Delta\Phi$ 为

$$\Delta\Phi = U_1 \Delta t \qquad (6\text{-}10)$$

磁通增量的方向为电压矢量的方向，磁通轨迹沿着 U_1 的方向前进了 $\Delta\Phi$ 的距离。如果用 Φ_n 和 Φ_{n+1} 表示第 n 次和第 $n+1$ 次控制周期结束时的磁通，则有

$$\Phi_{n+1} = \Phi_n + \Delta\Phi \qquad (6\text{-}11)$$

如果 U_1 为零矢量，则磁通的增量为零，磁通的轨迹未发生移动。在逆变器

的基波频率一周期内，分为 k 个控制周期，每个控制周期的时间间隔为：

$$T = \frac{2\pi}{k\omega} \qquad (6\text{-}12)$$

式中：ω 为基波角频率；k 为一周的分割数。

将空间平面按电压矢量分为六个扇区，在每个扇区的边沿各有一个电压矢量，记为 U_1 和 U_2，在每个控制周期选择三种开关状态，并由此实现 PWM 控制。

1）六边形轨迹控制。如果在 60°时间间隔内，只改变逆变器的一支桥臂上下电力开关器件的通断状态，则磁通轨迹为六边形，如图 6-13 所示。

图 6-13 中，选择电压矢量 U_1，经过时间 t_1，磁通轨迹内 O 点到达六边形的顶点 A，但由于时间 $t_1 <= 60$，在磁通轨迹到达 A 点后，需要停留一段时间 t_0。选择零矢量 $U_0(0, 0, 0)$ 或 $U_7(1, 1, 1)$。停留时间 t_0 应满足

$$t_0 + t_1 = 60° \qquad (6\text{-}13)$$

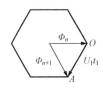

图 6-13 六边形
磁通轨迹控制
原理图

上述分析中，电动机的开关状态在一个周期内仅切换 6 次，其电流波形会出现较大的尖峰，为此，应适当提高开关频率。具体做法是：将持续时间 t_0 和 t_1 分成若干段，磁通轨迹在由 O 点移动到 A 点的过程中，交替选择电压矢量 U_1 和 U_0，只要 U_1 和 U_0 总的持续时间分别为 t_1 和 t_0，则磁通的控制效果不会发生变化，即磁通沿着六边形前进，而电流波形轨迹将得到改善。

2）圆形轨迹控制。为了实现磁通轨迹控制，必须保证一个控制周期内磁通轨迹移动的距离等于圆形磁通轨迹移动的距离，如图 6-14 所示。

在逆变器的 A 个控制周期内，选择的电压矢量有 U_1、U_2、U_0。其中 U_1 为主矢量，U_2 为辅助矢量，U_0 为零矢量。主矢量可选择图 6-13 中的 $U_{1(0,0,1)}$—$U_{6(1,1,0)}$，零矢量可选择 $U_{0(0,0,0)}$、$U_{7(1,1,1)}$。U_1 持续时间为 t_1，U_2 的持续时间为 t_2，U_0 持续时间为 t_0。控制周期 T 为三者之和，即

$$T = t_1 + t_2 + t_0 \qquad (6\text{-}14)$$

根据积分近似公式有

$$U^* T = U_1 t_1 + U_2 t_2 \qquad (6\text{-}15)$$

式中：U^* 为正弦电压设定值；$U^* T$ 为第 k 个控制周期的磁通设定值的增量；$U_1 t_1$ 为电压

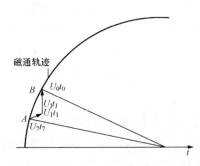

图 6-14 圆形磁通轨迹控制原理图

矢量 U_1 在持续时间内所产生的磁通增量；U_2t_2 为电压矢量 U_2 在持续时间内所产生的磁通增量。

可以推算出：

$$\left.\begin{array}{l} t_1 = a\,\dfrac{\sin\gamma}{\sin 60^\circ}T \\[2mm] t_2 = a\,\dfrac{\sin(60^\circ-\gamma)}{\sin 60^\circ} \\[2mm] t_0 = T - t_1 - t_2 \end{array}\right\} \qquad (6-16)$$

式中：$a = u^*/E_{dc}$，为调制比，逆变器的电压利用系数；γ 为电压参考矢量 U^* 和 U_1 的夹角。

直接转矩控制交流变频调速系统原理如图 6-15 所示。

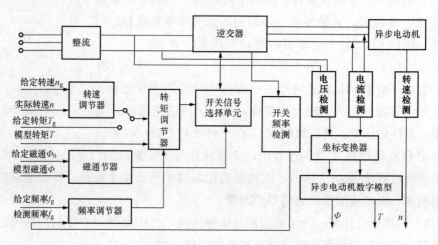

图 6-15 直接转矩控制交流变频调速系统原理框图

图 6-15 中，电动机的定子电流、母线电压由检测单元测出后，经坐标变换器变换到 d-q 坐标系下，再与转速信号一起，作为电动机的输入。通过运算，计算出磁链和转矩。电动机磁链幅值、转速值、转矩值同给定的输入量比较，然后进入各自的调节器，经过两点式调节，输出相应的磁链和转矩开关量，这些量作为开关信号选择单元的输入，以选择适当开关状态来完成直接转矩控制。其特点主要有以下几个方面：

（1）直接转矩控制技术是直接在定子坐标系下分析交流电动机的数学模型，控制电动机的磁链和转矩。它不需要模仿直流电动机的控制，也不需要为解耦而简化交流电动机的数学模型。它省掉了矢量旋转变换等复杂的计算。因此，它需要的信号处理工作特别简单，所用的控制信号使观察者对于交流电动机的物理过程能够做出直接和明确的判断。

（2）直接转矩控制磁场定向所用的是定子磁链，只要知道定子电阻就可以把它观测出来。而矢量控制磁场定向所用的是转子磁链，观测转子磁链需要知道电动机转子电阻和电感。因此直接转矩控制大大减少了矢量控制技术中控制性能易受参数变化影响的问题。

（3）直接转矩控制采用空间矢量的概念来分析三相交流电动机的数学模型和控制其各物理量，使问题变得特别简单明了。

（4）直接转矩控制强调的是转矩的直接控制与效果。它包含以下两层意思：

1）直接控制转矩。与矢量控制的方法不同，它不是通过控制电流、磁链等量来间接控制转矩，而是把转矩作为被控制量，直接控制转矩。因此它并不需要极力获得理想的正弦波波形，也不用专门强调磁链的圆形轨迹。相反，从控制转矩的角度出发，它强调的是转矩直接控制效果，因而它采用离散的电压状态和六边形磁链的轨迹或近似圆形磁链轨迹的概念。

2）对转矩的直接控制。其控制方式是，通过转矩两点式调节器把转矩检测值与转矩给定值比较，把转矩波动限制在一定的容差范围内，容差的大小，由频率调节器来控制。因此它的控制效果不取决于电动机的数学模型是否能够简化，而是取决于转矩的实际状况。它的控制既直接又简化。

总之，直接转矩控制是将交流电动机的转矩（不是电流）作为主要控制参数，利用高速数字信号处理器与电动机软件模型相结合自动连续不断地采集电动机的参数，并以高精度直接计算电动机的转矩和定子磁通，电动机软件模型的运算率可达 $25\mu s$，这样，电动机转矩的状态每分钟可更改数万次，可见直接转矩控制的转矩动态响应好，可达数毫秒，解决了上述矢量式控制不足，获得了优良的动态、静态性能，在直接转矩控制时，无需电动机轴位置和速度反馈，便可对笼型异电动机进行精密的速度和转矩控制，且速度为零时，输出转矩可达额定转矩的 $100\%\sim200\%$。

2. 直接转矩控制适用范围

适用范围：适用于调速范围大、负荷变化大、低速转矩大的恒转矩负载或恒功率负载或需低速甚至零速下输出大转矩的恒转矩负载，以及要求高性能调速的负载。如，起重机、电梯等。

6.2.5 其他控制方式

为增加适应性和选择性，有些品牌的变频器一台变频器配有多种控制方式，例如，既可有 V/f 控制方式，又可有速度传感器矢量控制方式，还可无速度传感器矢量控制方式，三种控制方式供用户选用。用户在选用时，可根据实际情况在变频器上选定使用哪一种控制方式，例如，驱动高性能调速负载除宜选用直接转矩控制或有传感器矢量控制，驱动电动机也应尽量选择变频专用电动机。另外，近年来也出现了智能控制变频器，从控制方式上主要有神经网络控制，模糊控制，专家系统等。

变频器控制方式是决定变频器性能好坏的关键，目前市场上低压通用变频器品牌很多，包括欧美、日及国产的共有 50 多种。选用变频器时不是价位越高越好，而是按负载特性能满足需求的依据来选择，这样才能量材使用、经济实惠。表 6-1 列出了多种变频器控制方式的参数，以供选用时参考。

表 6-1　　　　　　　　　多种变频器控制方式的参数

控制方式	V/f=C 控制		矢量控制		直接转矩控制
反馈装置	不带 PG	带 PG 或 PID 调节器	不带 PG	带 PG 或 编码器	
调速比 I<	1∶40	1∶60	1∶100	1∶1000	1∶100
起动转矩 (在 3Hz)	150%	150%	150%	零转速时 为 150%	零转速时为 >150%～200%
静态速度 精度/%	±(0.2～0.3)	±(0.2～0.3)	±0.2	±0.02	±0.2
适用场合	一般风机、 泵类等	较高精度调速、 控制	所有 调速控制	伺服拖动、 高精传动、 转矩控制	负荷启动、起重 负载转矩控制系统， 恒转矩波动大负载

注 1. PG 为速度传感器。

2. 直接转矩控制，在带 PG 或编码时，I 可扩展至 1∶1000，静态速度为 +0.01%。

高压变频器主拓扑选择

前述第 3 章介绍了高压变频器的分类情况，本章将重点介绍几种典型的拓扑结构以及近年来兴起的几种主电路拓扑结构。如典型的高低高变频器、交—交变频器、负载换向式（晶闸管）变频器，新近兴起且应用十分广泛的单元串联多电平变频器，以及中性点钳位（NPC）三电平 PWM 电压源型变频器、多相整流输入、功率单元输出 H 桥三电平电压源型变频器、二电平电流源型 CSI 变频器等。

7.1 高低高变频器原理

7.1.1 高低高变频器拓扑原理

高低高变频器采用升降压的办法，将低压或通用变频器应用在中、高压环境中。原理是通过降压变压器，将电网电压降到低压变频器额定或允许的电压输入范围内，经变频器的变换形成频率和幅度都可变的交流电，再经过升压变压器变换成电动机所需要的电压等级。其原理如图 7-1 所示。

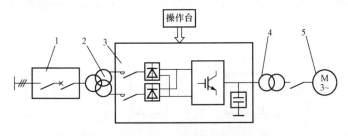

图 7-1 高低高变频器系统结构图

1—隔离开关及断路器；2—降压变压器；3—低压变频器；

4—升压变压器；5—电动机

这种方式，由于采用标准的低压变频器，配合降压、升压变压器，故可以任意匹配电网及电动机的电压等级，容量小的时候（＜500kW）改造成本比直接高压变频器低。缺点是升降压变压器体积大，比较笨重，频率范围易受变压器的影响。

　　一般高低高变频器可分为电流型和电压型两种。

　　1. 高低高电流型变频器

　　电路拓扑结构如图 7 - 2 所示，在低压变频器的直流环节由于采用了电感元件而得名。输入侧采用可控硅移相控制整流，控制电动机的电流，输出侧为强迫换流方式，控制电动机的频率和相位，能够实现电动机的四象限运行。

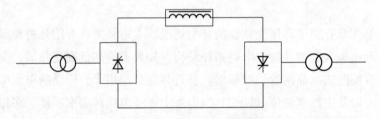

图 7 - 2　高低高电流型变频器

　　2. 高低高电压型变频器

　　电路拓扑结构如图 7 - 3 所示，在低压变频器的直流环节由于采用了电容元件而得名。输入侧可采用可控硅移相控制整流，也可以采用二极管三相桥直接整流，电容的作用是滤波和储能。逆变或变流电路可采用 GTO，IGBT，IGCT 或 SCR 元件，通过 SPWM 变换，即可得到频率和幅度都可变的交流电，再经升压变压器变换成电动机所需的电压等级。需要指出的是，在变流电路至升压变压器之间还需要置入正弦波滤波器（F），否则升压变压器会因输入谐波或 dv/dt 过大而发热，或破坏绕组的绝缘。该正弦波滤波器成本很高，一般相当于低压变频器的 1/3 到 1/2 的价格。

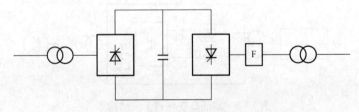

图 7 - 3　高低高电压型变频器电路拓扑结构

高低高变频器与高压变频器的比较：直接高压变频器出于消减变频系统对电网的谐波干扰和电动机共模电压等的考虑，几乎都采用了输入变压器。这样相对高低高变频器而言，它省去了一台升压变压器，并因而减小了占地面积，提高了效率。当然，直接高压变频器的性能会优于高低高变频器。在直接高压变频器发展初期，高低高在价格上占有一定的优势，但是随着功率器件价格的下降，直接高压变频器会慢慢在一些领域取代高低高变频器。

7.1.2 高低高变频器适用范围

就目前的发展状况看，高低高变频器仅用于功率小、调速性能要求不高、占地问题不突出的高压电动机变频调速场合。如小容量的高压水泵、风机。

7.2 交—交变频器（CYCLO）

7.2.1 交—交变频器拓扑原理

交—交变频器是采用晶闸管实现的无直流环节的直接由交流到交流的变频器，也叫做周波换流器。当电压在 3kV 以下时，每相要用 12 只晶闸管，三相共 36 只；当电压超过 3kV 时，晶闸管必须串联使用，所用的晶闸管要成倍增加，其电路结构如图 7-4 所示。

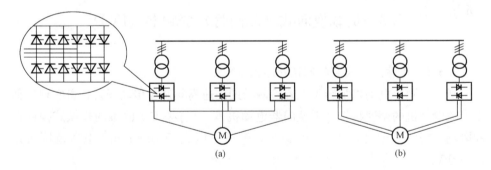

图 7-4　交—交变频器主电路结构

（a）星形接法；（b）三角形接法

其优点是可用于驱动同步和异步电动机；堵转转矩和保持转矩大；动态过载能力强；可四象限运行；电动机功率因数可为 $\cos\varphi=1$；极佳的低速性能；转矩质量高；效率高。其主电路结构，电压电流波形如图 7-5 所示。

其缺点是功率因数与速度有关，低速时功率因数低；最大输出频率为电源频率的 1/2；网侧谐波大。

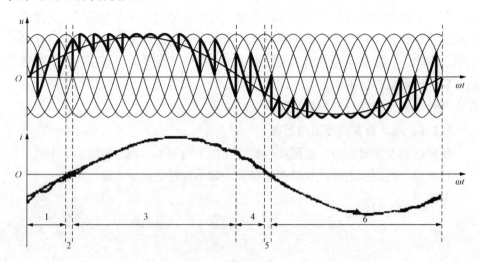

图 7-5　交—交变频器的电流电压波形

7.2.2　交—交变频器适用范围

适用范围：适用于轧钢机，船舶主传动和矿石粉碎机等低速、高过载要求的转动设备。

7.3　负载换向式（晶闸管）变频器（LCI）

7.3.1　负载换向式变频器拓扑原理

适用于同步电动机加转子位置检测器的高速高频调速传动场合，可实现近似于直流电动机的调速特性（无换向器电动机），可省去维护困难的机械式换向器和电刷。功率范围可达 100MW 以上，转速可以大于 7000r/m，电压范围可达 1～23kV。

其主电路结构，电压电流波形，网侧功率因数分别如图 7-6～图 7-8 所示。

其优点是直流转动特性；功率无限制；对电网无短路加载现象；可以四象限运行；包括弱磁部分调速范围可达 1：50；即使在低负载率下也有高的效率；免维护（无电刷、无熔断器）；对电动机绝缘无损害，电缆长度无限制。

其缺点是低速下须采用断流换向；功率因数与转速有关；过载能力差。

7.3.2　负载换向式变频器适用范围

适用范围：适用于高速无齿轮传动离心泵（锅炉给水泵）、压缩机、高炉风

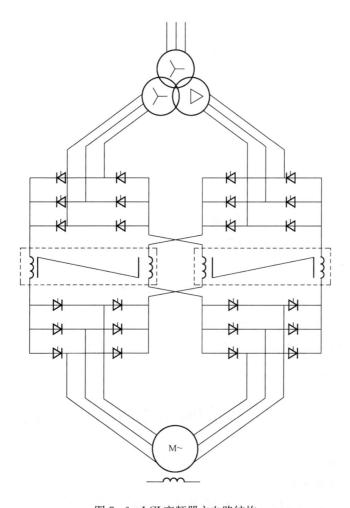

图 7 - 6 LCI 变频器主电路结构

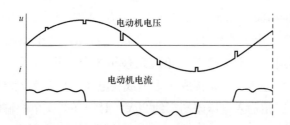

图 7 - 7 LCI 变频器的电压和电流波形

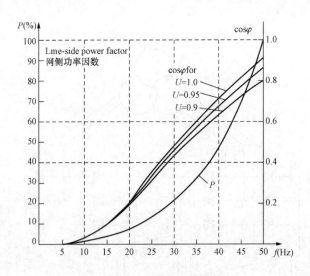

图 7 - 8　LCI 变频器的网侧谐波

机、船舶主传动以及同步发电动机的起动等场合。

以上高压变频器的拓扑形式，现在已经不是主流电路拓扑，以下几种是近几年在世界上兴起的几种主电路拓扑结构。

7.4　单元串联多电平变频器

7.4.1　单元串联多电平变频器拓扑原理

1. 单元串联多电平电路简介

由图 7 - 9 可知移相输入变压器 T 其一次侧为一个绕组 Y 接法，二次侧绕组个数与功率单元个数相等，而功率单元个数又因输出线电压大小值而不相同（见表 7 - 1）。为减少谐波，二次绕组要移相，有超前 24°三个、超前 12°三个、无移相三个、滞后 12°三个、滞后 24°三个，共 15 个绕组，绕组型式有超前延边三角形 6 个，滞后延边三角形 6 个，三角形无移相 3 个，共 15 个二次绕组，每相 5 个单元串联组成相电压，三相接成 Y 形形成线电压。功率单元结构是三相桥式 6 脉冲整流电路，三相输入电压略高（约 20V）4%～5%，单相输出电压如表 7 - 1 所示，电路结构是 H 桥二电平，由 5 个 690V 单元相串联组成一相，如 A 相（B 相、C 相类同），再接 Y 形，组成线电压 6000V，其实质是单相功率单元串接后，组成三相线电压成为高压。

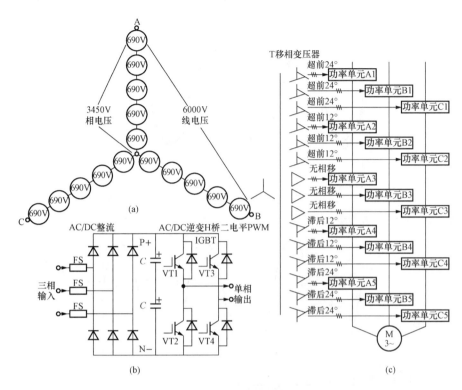

图 7-9 高、低结构中高压变频器的电气连接图

(a) 电压叠加原理；(b) 功率单元结构；(c) 主电路结构

表 7-1 串联单元个数后的线电压

单元电压	线电压/V	单元电压	线电压/V
3 个单元电压 440V	2300	5 个单元电压 690V	6000
4 个单元电压 480V	3300	5 个单元电压 1170V	10 000
5 个单元电压 480V	4160		

2. 电路特点

单元串联多电平主电路特点如下：

(1) 由于移相作用，使谐波从源头上减小，故损耗与发热亦减小，输出波形较好，如图 7-10 所示。

(2) 谐波合成分量的气隙磁密波形畸变率 THD 小于 IEEE 519—1992 中的规定。单元串联多电平主电路的输入电压、电流波形如图 7-11 所示，实测值如表 7-2 所示。

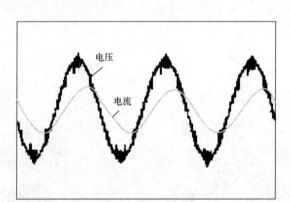

图 7 - 10　单元串联多电平主电路输出电压、电流波形

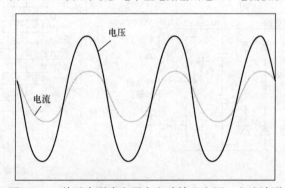

图 7 - 11　单元串联多电平主电路输入电压、电流波形

表 7 - 2　　　　　　　　　　输入电流的高次谐波测定值

谐波次数	标准值（％）	FSDrive-MVIS 测定值（％）
5	4.00	1.07
7	2.86	0.53
11	1.83	0.90
13	1.49	0.49
17	1.14	0.78
19	1.02	0.76
23	0.87	0.06
25	0.80	0.26
29	0.80	0.11
31	0.80	0.07

（3）使用耐压较低的绝缘栅双极晶体管（In-sulated Gate Bipolar Tran-sistor，IGBT），成本较低。

（4）输出线电压是多电平叠加形成的，且每级间电压值相差较小，故 dv/dt 相应较低。

（5）电源功率因数在 0.95 以上，电力转换效率约为 97%。

（6）移相变压器结构复杂，约占整机成本的 40%，电路使用的器件量较多，连接点较多，可靠性略差。

（7）不能四象限运行。

3. 使用情况

1994 年美国罗宾康公司推出首台单元串联多电平电压源型变频器。在世界范围内，其市场占有率最高达 60% 以上，在中国达 80%，至今声势未减，销售量仍占首列。

4. 生产厂商

单元串联的电平型变频器的生产厂商有美国的罗宾康，德国的西门子、奥莎，意大利的安萨尔多，日本的富士、安川、三菱、三肯、日立、松下、明电舍、提迈克 TMEIC，韩国的现代等。

5. 应用特点

该类型变频器应用后具有以下明显优势。

（1）可轻松应对原有电动机。通过采用多级串联脉宽调制（Pulse Width Modulation，PWM）控制变频器无需使用滤波器即可输出正弦波电压。因此，即使保留原有电动机和配线电缆，也不会产生对电动机有害的共振浪涌电压，转矩脉动低，可保护负载不受冲击，实现与工频电源运行相同的低噪声。

（2）输入波形为正弦波，几乎不含高次谐波成分，无需使用高次谐波滤波器或有源滤波器等辅助设备。

（3）实现大幅节能。该型高压变频器，效率高，可减少能源浪费；功率因数高，无需并补设备。

7.4.2 单元串联多电平变频器适用范围

适用范围：适用于风机、水泵。

7.5 中性点钳位（NPC）三电平 PWM 电压源型变频器

7.5.1 中性点钳位（NPC）三电平 PWM 电压源型变频器原理

1. 电路简介

在 PWM 电压源型变频器中，当输出电压较高时，为避免器件串联引起的动、静态均压问题，同时降低输出谐波及 dv/dt 的影响，逆变器部分可采用中性点钳位的三电平方式。逆变器的功率器件可采用高压 IGBT 或 IGCT。中性点钳位三电平 PWM 中高压变频器的结构示意图如图 7 - 12 所示。

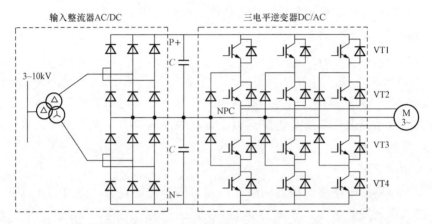

图 7 - 12　中性点钳位三电平 PWM 中高压变频器的结构示意图

在三电平变频器中，每个桥臂虽有 4 个功率器件串联，但不存在任何两个串联器件同时导通或关断，故无均压问题。在输出电压相同的情况下，对器件要求较低。与普通 PWM 变频器相比，由于输出电压的电平数增加，易于实现谐波的相互补偿，输出波形有很大改善。功率因数接近于 1，谐波失真在 2% 以下。

2. 国外三电平变频调速装置的三种实施方案

国外三电平变频调速装置的三种实施方案分别如图 7 - 13～图 7 - 15 所示。

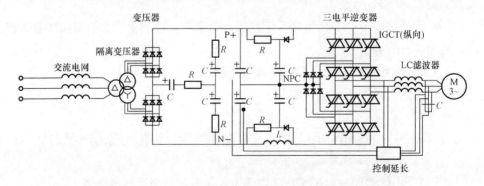

图 7 - 13　ABB 公司中压变频器系统简图

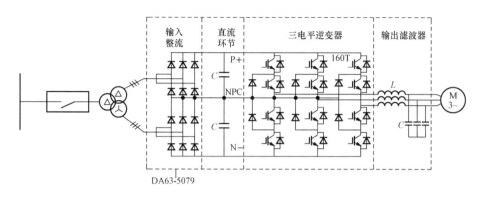

图 7-14 西门子公司系统简图

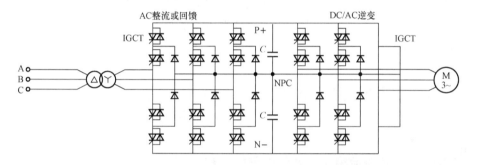

图 7-15 东芝—三菱公司三电平中压变频器简图（可四象限运行）

上述三种方案的比较如表 7-3 所示。

表 7-3　　　　　国外三电平变频调速装置实施方案简单比较

公司	整流器输入	直流环节	逆变器	控制算法
ABB 公司	（1）三绕组变频器 （2）两组整流器串联，分别接变压器二次二个绕组供电	整流桥中性点与中间直流环节的电容中性点不相连	（1）用 IGCT 管子 （2）LC 滤波器	（1）开关频率易偏离，但可采用滞环比较方式进行校正 （2）直接转矩控制 （3）控制运算不需坐标变换
西门子公司	（1）三绕组变频器 （2）两组断流器串联，分别接变压器二次二个绕组供电	整流桥中性点与中间直流环节的电容中性点相连	（1）用 IGCT 或 IGBT 管子 （2）LC 滤波器	（1）不存在中性点电压漂移问题 （2）矢量控制 （3）需坐标变换（三相—两相）

续表

公司	整流器输入	直流环节	逆变器	控制算法
东芝—三菱公司	(1) 二绕组变频器 (2) 不完全相同 (3) 二极管较多	整流桥中性点与中间直流环节的电容中性点相连	(1) 用 IGCT 管子 (2) LC 滤波器 (3) 可用 AFE 有源整流	(1) 不存在中性点电压漂移问题 (2) 矢量控制

3. 生产厂商

该类型变频器生产厂商有瑞士 ABB，德国西门子，日本提迈克（TMEIC），美国通用（GE）、罗克韦尔（A-B）等。

7.5.2　中性点钳位（NPC）三电平 PWM 电压源型变频器适用范围

适用范围：适用于风机水泵、传送带驱动、矿石粉碎机、轧机、挤压机、窑传动等。

7.6　多相整流输入、功率单元输出 H 桥三电平电压源型变频器

7.6.1　多相整流输入、功率单元输出 H 桥三电平电压源型变频器原理

1. 目前单元串联多电平电路的不足之处

（1）移相输入变压器，尤其是二次绕组数量多，绕组型式多种，有延边△、Y，因此结构、工艺都较复杂，体积大、重量大、散热大，变压器一般都是干式的，选冷轧结晶硅钢片制造，故造价较贵，仅该变压器就占约 40％以上的整机价格。2010 年，国外如瑞士 ABB、日本富士、法国施耐德已有新产品问世，不用移相方式，而选用多相脉冲输入、相同型式的绕组整流变压器来替代，经实践应用测试，效果良好，甚至更优越，超过移相方法，这样整机价格就会下降。

（2）功率单元输出是 H 桥型式，单相二电平，其电路较简单，但其综合性能不是最佳的，但可改为三电平桥式。

（3）三电平与二电平相比，有如下明显优势：①输出电流更接近正弦波；②输出电压峰值只有二电平的 1/2，可直接用于普通电动机，无需 LC 滤波器；③输出漏电流只有二电平的 1/2（即共模电流更小）；④输入干扰较二电平降低约 20dB；⑤可选 IGBT 范围更宽（可做机型多，散热面积大），耐压可降低，安全系数可更高，成本亦下降。

（4）通过上述三条改进后，使高压变频器结构简化。减少器件使用数量，电路更简化，连接点减少，可靠性、性能指标更好，具有真正的高压变频器应该具有的各项性能技术要求。

2. 多相整流输入，三电平输出的改进方法及性能介绍

（1）多相整流输入性能介绍。

根据资料介绍对不同输出电压，如 3、6、10kV 采用多相整流，得到如表 7 - 4 所示的输入性能对比。

表 7 - 4　　　　　　　　　　多相整流输入性能对比

输出电压（kV）	脉冲个数	变频二次绕组	输出电压波形电平	整流脉冲电压个数
3	24 相电压	6	9	36
6	36 相电压	9	13	54
10	60 相电压	15	21	90

（2）电源侧电压、电流波形如图 7 - 16 所示。

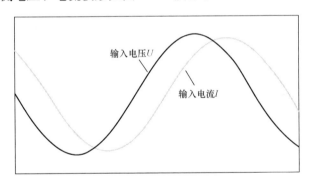

图 7 - 16　电源侧电压、电流波形

（3）高次谐波电流含有率如表 7 - 5 所示。

表 7 - 5　　　　　　　　　　高次谐波电流含有率

谐波次数	标准值（%）	实测值（%）	谐波次数	标准值（%）	实测值（%）
5	4.00	0.58	19	1.02	0.54
7	2.86	1.00	23	0.87	0.06
11	1.83	0.20	25	0.80	0.24
13	1.49	0.32	29	0.80	0.58
17	1.14	0.75	31	0.80	0.27

（4）整机性能。综合效率为 97%，功率因数大于 0.95，综合效率曲线和功率因数曲线分别如图 7-17、图 7-18 所示。

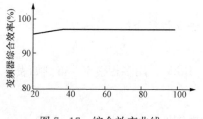

图 7-17　综合效率曲线　　　　　图 7-18　电源侧功率因数曲线

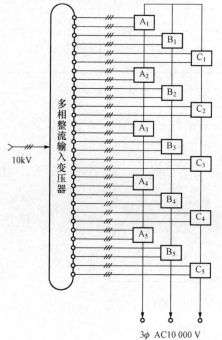

3ϕ AC10 000 V

图 7-19　10kV 等级的主回路构成图

（5）矢量控制、无速度矢量传感器控制或直接转矩控制，当整流回路采用全控型器件时可四象限运行，具有能量回馈功能。

（6）主回路构成如图 7-19、图 7-20 所示。

（7）工变频旁路切换相位同步跟踪，能做到工频切换变频或变频切换工频的无冲击切换。

（8）冷却散热。风冷功率＜5000kW，水冷功率＞5000～22 000kW，逆变器模块可用 IGBT 或 IGCT。

3. FRENIC4600FM5e 系列变频器动作原理

FRENIC4600FM5e 系列变频器 10kV 级别变频器由输入变压器和 15 个变频单元构成（6kV 级别由 9 个变频单元构成，3kV 级别由 6 个变频单元构成）。

每个变频器单元是一个单相三电平变频器，可获得输出电压 1155V，10kV 等级每一相有 5 个变频器单元串联，相电压约 5775V，三相以星形连接，可得到 10 000V 线电压。此外，单相三电平变频器与单相二电平变频器相比，每个变频器单元的输出电压可以大 2 倍，因此只需用较少的变频器单元即可得到 10、6、3kV 电压，如图 7-21、图 7-22 所示。

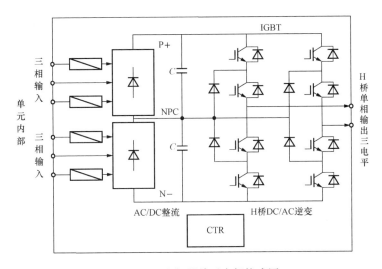

图 7-20　变频器单元内部构成图

注：三相输入电压就是单相输出电压（考虑压降提高 20V 4%～5%）。

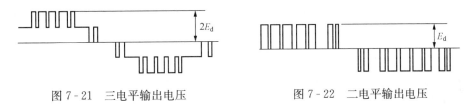

图 7-21　三电平输出电压　　　　图 7-22　二电平输出电压

4. 应用优势

（1）大幅减少了电源侧高次谐波电流量。由于电力电子技术的飞速发展，近年工业用电气设备以及家用电器中半导体的使用越来越广泛，在提高产品性能，方便操作的另一方面，这些电器产生的高次谐波使得电网的电压失真，以至于影响与电网相连接的其他电气设备不能正常工作的现象日益严重。但是，电力电子技术应用到电气设备中是大势所趋，为此有必要对抑制高次谐波的对策作更深入的研究和探讨。FRENIC4600FM5e 通过采用多相二极管整流方式（相当于 36 相整流）抑制高次谐波，与现有的方案相比，高次谐波发生量大幅降低，远远小于 IEEE-519—1992 规定的高次谐波发生量，是一种不污染电源的变频器。

（2）高效率，综合效率约 97%：该变频器不需要输出变压器，没有输出变压器的损耗；应用独特的多电平 PWM 控制方式，降低了开关损耗；电源侧高次谐波电流减少，降低了输入变压器一次绕组的高次谐波损耗。

（3）功率因数高，电源功率因数大于 95%：通过多相二极管全波整流，电源侧功率因数提高，可以以高功率因数运转；不需要加装改善电源侧功率因数的进相电容器和直流电抗器；变频器可以在较小容量的电源下运转。

（4）保护电动机稳定运行。变频器的输出电流如果含有高次谐波，电动机轴的输出便会发生脉动转矩。脉动转矩会导致转速波动，如果脉动转矩的脉动频率与机械系统的频率一致，而且脉动转矩很大，就会引起很大的机械振动。FREN-IC4600FM5e 采用多电平（最大 21 电平）PWM 控制方式，输出侧高次谐波极少，脉动转矩的主要成分在载波频率（数 kHz）附近，脉动转矩对机械系统几乎没有影响，主要表现在以下几个方面：①采用多电平 PWM 控制方式，输出电流波形非常接近正弦波，大大减少了电动机的转矩脉动；②输出电流波形非常接近正弦波，降低了电动机高次谐波损耗；③采用多电平（最大 21 电平）PWM 控制方式，开关浪涌电压减低到最小，降低了电动机的电动应力；④使用变频器驱动，不需要降低电动机的容量及特殊电缆；⑤不仅用于平方递减转矩负载，像挤压机之类恒转矩负载也能应用；⑥在电源容量较小的系统中驱动大容量电动机时，会因电动机起动电流引起电源电压波动，而变频器是软起动，可以抑制电动机的起动电流，即使在电源容量较小的系统中也能正常驱动大容量电动机。

PWM 变频器输出电压波形是以直流中间回路的电压 E_d 为振幅的直流限幅电压（称作脉冲电压）。该变频器输出的脉冲电压通过电缆加在电动机上之后，在电动机端子和变频器端子之间反复反射，结果在电动机端子上产生大于变频器输出电压的、上升非常陡峭的过电压，从而造成绕组绝缘破坏。这个过程电压最大值接近变频器直流中间回路电压 E_d 的 2 倍。

富士高压变频器采用多电平 PWM 控制，抑制该直流中间电压，输出电压波形 10kV 等级为 21 电平，6kV 等级为 13 电平，3kV 等级为 9 电平，有效抑制了电动机端子上发生的过电压。如图 7-23 所示。

10kV 等级富士高压变频器，在 1/4 周期内输出电压分成 21 个阶梯变化（相当于 21 电平）。每个阶梯的电压值相当于直流中间回路电压 E_d。因此，在输出相同电压时，阶梯数越多，每个阶梯的电压值就越低。因此电动机端子上产生的浪涌电压也就越低，使得电动机承受的应力得以降低。10kV 等级输出电压波形（21 电平）如图 7-24 所示。

5. 工频旁路回路/瞬停再起动功能

通过按系统电压进行相位控制，可实现从变频器驱动切换到工频电源驱动，或从工频电源驱动切换至变频器驱动的无冲击切换。在变频器的输出侧设置切换控

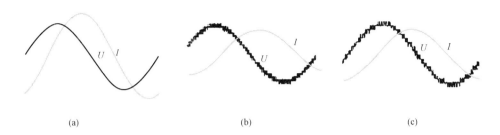

图 7-23　10kV、6.6kV、3.3kV 输出电压、电流波形

（a）10kV 输出时的输出电压，电流波形；（b）6.6kV 输出时的输出电压，电流波形；
（c）3.3kV 输出时的输出电压，电流波形

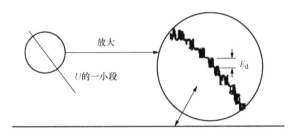

图 7-24　10kV 等级输出电压波形（21 电平）

制柜（选件），可以切换到工频（电网）起动回路运转。由此构成双回路电动机驱动电源，只要切换到工频电网上即可让电动机在额定转速上运转（见图 7-25）。

　　当电压发生瞬时降低时，可以根据用途选择运转方式：①选择瞬时电压降低为重故障，变频器重故障停止，电动机处于自由停车状态；②选择自由停车再起动，变频器停止运转，电动机处于自由停车状态，电源复电时通过速度搜索功能，让正在自由停车减速中或者已经停止的电动机自动再加速；③选择瞬时电压降低时继续运转，即使瞬时电压降低（瞬时电压降低于额定电压的 85% 以下时，

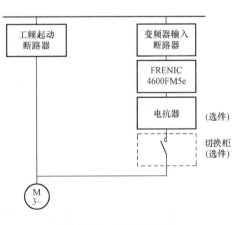

图 7-25　电源系统图

以及瞬时电压降低时继续运转时间 300ms 以内），电动机也不会处于自由停车状态，变频器可继续运转，电源电压恢复后，立刻再加速，恢复运转速度。

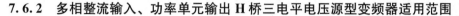
7.6.2　多相整流输入、功率单元输出 H 桥三电平电压源型变频器适用范围

适用范围：电力行业的风机、水泵；采矿选矿中的破碎机、风机、水泵、压缩机、起重机、皮带机、吊笼、升降机；水处理行业的泵、鼓风机；石油天然气领域的泵、压缩机、鼓风机；水电站的水泵、闸门提升下降；港口码头的起重机、皮带输送机等。

7.7　二电平电流源型 CSI 变频器

7.7.1　二电平电流源型 CSI 变频器原理

世界各国生产的高压变频器其主电路大都是电压源型 VSI 方式，而美国罗克韦尔（A-B）公司则生产了交—直—交电流源型 CSI 方式的高压变频器，其特点是电路简单，使用器件少、功率很大、成本较低、有独到之处，所以在某些场合亦有应用。性能是谐波略大，可以四象限运行，频率一般低于输入，下文就 A-B1557 型及 A-B700 型作简单介绍。

功率器件串联二电平电流型中高压变频器多为电流源型变频器，采用大电感作为中间直流滤波环节。整流电路一般采用晶闸管（Silicon Con-trolled Rectifi-er，SCR）作为功率器件，根据电流电压的不同，每一个桥臂需由 SCR 串联，而逆变器则采用 SCR 或 GTO、SGCT 等功率器件串联。功率器件串联二电平电流型中高压变频器的结构示意图如图 7-26 所示。

美国罗克韦尔（A-B）公司生产的中压变频 Bulletinl557 系列，其电路结构为交—直—交电流源型，采用功率器件 GTO 串联两电平逆变器。其控制方式采用无速度传感器直接矢量控制，电动机转矩可快速变化而不影响磁通，综合了 PWM 和电流源结构的优点，其运行效果近似直流传动装置。在 Bulletinl557 系列的基础上，A-B 公司又推出了 Powerflew7000 系列，用新型功率器件——对称门极换流晶闸管（SGCT）代替原先的 GTO，使驱动和吸收电路简化，系统效率提高，6kV 系统每个桥臂采用 3 只耐压为 6500V 的 SGCT 串联。Power-flew7000 系列产品具有以下特点：

（1）电流源型变频器的优点是易于控制电流，便于实现能量回馈和四象限运行；缺点是变频器的性能与电动机的参数有关，不易实现多电动机联动，通用性差，电流的谐波成分大，污染和损耗较大，且共模电压高，对电动机的绝缘有影响。

（2）Powerflew7000 系列变频器采用功率器件串联的二电平逆变方案，结构

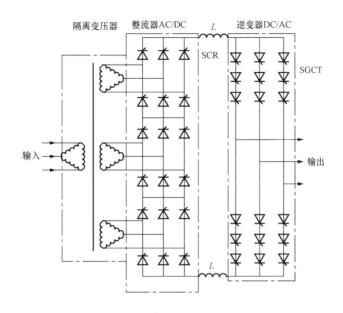

图 7 - 26　功率器件串联二电平电流型中高压变频器的结构示意图

简单，使用的功率器件少，但器件串联带来均压问题，且二电平输出的 dv/dt 会对电动机的绝缘造成危害，要求提高电动机的绝缘等级。谐波成分大，需要专门设计输出滤波器，才能供电动机使用。

（3）输入端采用可控器件实现 PWM 整流，可方便地实现能量回馈和四象限运行，同时也使网侧谐波增大，需加进线电抗器滤波，方能满足电网的要求，增加了成本。

（4）由于是直接高压变频，电网电压和电动机相同，便于实现旁路控制功能，以保证在装置出现故障时电动机能正常运行。

7.7.2　二电平电流源型 CSI 变频器适用范围

适用范围：适用于水泵（锅炉给水泵）、风机、压缩机等。

第 **8** 章

谐波干扰处理

8.1 变频器谐波的产生

变频器由厂用电供电，会对厂用电系统产生谐波干扰，使得母线上谐波严重超标。以低压通用变频器为例，其整流回路大部分为 6 脉动不可控整流回路，如图 8-1 所示。

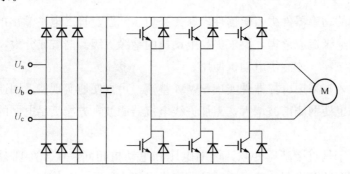

图 8-1　电压源型变频器原理

假设电源为理想正弦波，三相对称；直流侧电抗无限大，无纹波；交流侧电抗为零，则交流输出侧某一相电流波形如图 8-2 所示。

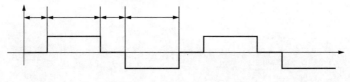

图 8-2　A 相理想电流波形

对图 8-2 进行傅里叶分析，可得

$$i_a = \frac{2\sqrt{3}}{\pi} I_d \left(\sin\omega t - \frac{1}{5}\sin5\omega t - \frac{1}{7}\sin7\omega t + \frac{1}{11}\sin11\omega t + \frac{1}{13}\sin13\omega t - \cdots \right)$$

$$= \frac{2\sqrt{3}}{\pi} I_d \sin\omega t + \frac{2\sqrt{3}}{\pi} I_d \sum_{\substack{n=6k\pm1 \\ k=1,2,3\cdots}} (-1)^k \frac{1}{n}\sin n\omega t$$

$$= \sqrt{2} I_1 \sin\omega t + \sum_{\substack{n=6k\pm1 \\ k=1,2,3\cdots}} (-1)^k \sqrt{2} I_n \sin n\omega t$$

则电流基波和各次谐波有效值分别为

$$\begin{cases} I_1 = \dfrac{\sqrt{6}}{\pi} I_d \\ I_n = \dfrac{\sqrt{6}}{n\pi} I_d, \qquad n = 6k\pm1, k = 1,2,3,\cdots \end{cases}$$

即电流中仅含 $6k\pm1$（k 为正整数）次谐波，各次谐波有效值与谐波次数成反比，且与基波有效值的比值为谐波次数的倒数。

相比而言，12 脉动整流电路谐波则小得多，如表 8-1 所示的理论计算值。

表 8-1　　　　　　　6 脉动和 12 脉动整流电路谐波含量理论计算值

谐波次数	5	7	11	13	17	19	23
6 脉冲谐波含量（%）	20	14	9	8	6	5	4
12 脉冲谐波含量（%）	0	0	9	8	0	0	4

某系统的实测值，也表明谐波含量很高，如表 8-2 所示。

表 8-2　　　　　　　某系统 6 脉动整流电路谐波含量实测值

项目名称	谐波电流含量（%）	谐波电流（A）	标准限值（A）	结果
5 次谐波	25.52	800.26	155	超标
7 次谐波	19.14	600.21	110	超标
11 次谐波	7.98	250.10	70	超标
13 次谐波	4.79	150.06	60	超标
17 次谐波	1.91	60.03	45	超标
19 次谐波	2.04	64.03	40	超标
25 次谐波	1.15	36.02	30	超标
P_{THD}（%）	33.51	—	—	—
总谐波电流	—	1050.85	225	超标
总电流	—	3307.35	—	—

总之，谐波可对公用电网造成诸多危害。如无功功率会导致电流增大、视在功率增加以及设备容量增加；无功功率增加，会使总电流增加，从而使设备和线路的损耗增加；使线路电压降增大，冲击性无功负载还会使电压剧烈波动；谐波流过中性线会使线路过热甚至发生火灾；谐波影响各种电气设备的正常工作；谐波会引起电网局部的并联谐振和串联谐振；谐波会导致继电保护和自动装置的误动作；谐波会对邻近的通信系统产生干扰。

8.2　基于供电电源的变频器谐波抑制措施

对于变频器供电电源谐波超标严重问题，可采用以下抑制谐波的措施。采用12脉动或更高脉动变频器，从源头减少谐波；在供电母线采取加装滤波器的措施来抑制谐波的影响；变频器母线上只接变频器负荷，把变频器谐波影响限制在母线段的设备，减少变频器谐波对其他负荷的直接影响，同时在选取变压器、进线断路器等相关设备容量时应考虑变频器谐波的影响，加大设备容量，使变频器母线上的电气设备均能承受变频器谐波的影响。

对于空冷变频器用低压变压器采用接线组别为 Dy11 和 Yy12d 的成对变压器，并且 2 个变压器所接负荷应尽量平衡，则在变压器高压侧相当于构成 12 脉动整流器，变频器的 5、7 次等谐波电流在高压厂用母线上能成对抵消。

8.3　基于变频器的谐波干扰抑制措施

厂用电系统在选择变频器、电动机、电缆、变压器等电气设备时，应充分考虑谐波对各种电气设备的不良影响，对于变频器应在输入侧配置电抗器、在输出侧配置电抗器、正弦波滤波器；对电动机应尽量选择变频电动机；对于以变频器为主体构成的变频系统内电缆应尽量使用变频专用的电力电缆和控制电缆；而向变频系统供电的变压器则应考虑适当的裕度以便承受由于谐波引起的发热等。

基于变频器的谐波抑制措施框图如图 8-3 所示。图中各单元一般为变频器厂家选配设备，可由厂家根据变频调速方案进行配置。

8.3.1　输入电抗器

输入电抗器可抑制输入电流的高次谐波，减少电源浪涌对变频器的冲击，改善三相电源的不平衡性，提高输入电源的功率因数（可提高到 0.85）。输入电抗

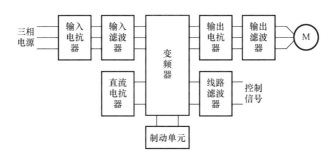

图 8-3 变频器系统的谐波抑制措施结构图

器既能阻止来自电网的干扰,又能减少整流单元产生的谐波电流对电网的污染。当电源容量很大时,更要防止各种过电压引起的电流冲击,因为它们对变频器内整流二极管和滤波电容器都是有威胁的。

(1)需要安装输入电抗器的场合。下面三种情况则需安装输入电抗器。

1)变频器所用之处的电源容量与变频器容量之比为 10:1 以上;电源容量为 500kVA 及以上,且变频器安装位置离大容量电源在 10 米以内。图 8-4 为需要安装输入电抗器的电源容量。

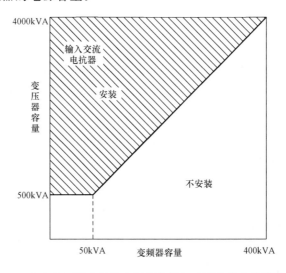

图 8-4 配电变压器容量及变频器容量与选用交流电抗器的关系

2)三相电源电压不平衡率大于 3%。电源电压不平衡系数 K 按下式计算:

$$K = \frac{U_{max} - U_{min}}{U_P} \times 100\%$$

式中：U_{max} 为最大一相电压；U_{min} 为最小一相电压；U_P 为三相平均电压。

3）当有其他晶闸管整流装置与变频器共同用同一进线电源，或进线电源端接有通过开关切换以调整功率因数的电容器装置。为减少浪涌对变频器的冲击，须安装输入电抗器。

（2）输入电抗器参数选择。

1）输入电抗器压降的选择。输入电抗器的容量一般按预期在电抗器每相绕组上的压降来决定，一般为相电压的 2％～4％ 来选取。输入电抗器压降不宜取得过大，压降过大会影响电动机转矩。一般情况下选取进线电压的 4％（8.8V）已足够，在较大容量的变频器中如 75kW 以上可选用 10V 压降。

2）输入电抗器的额定电流 I_L 的选取。

单相变频器配置的输入电抗器的额定电流 $I_L=$ 变频器的额定电流 I_N，三相变频器配置的输入电抗器的额定电流 $I_L=$ 变频器的额定电流 $I_N\times0.82$。

3）输入电抗器的电感量 L 的计算。知道了压降和额定电流，则输入电抗器的电感量 L 的计算公式：

$$L = \Delta U_L/(2\pi fI_L)$$

8.3.2　直流电抗器

直流电抗器的主要作用是减少输入电流的高次谐波成分，提高输入电源的功率因数，并能限制短路电流。

（1）要安装直流电抗器的场合

1）当给变频器供电的同一电源节点上有开关式无功补偿电容器屏或带有晶闸管相控负载时，因电容器屏开关切换引起的无功瞬变致使网压突变、相控负载造成的谐波和电网波形缺口，有可能对变频器的输入整流电路造成损害。

2）当变频器供电三相电源的不平衡度超过 3％ 时。

3）当要求提高变频器输入端功率因数到 0.93 以上。

4）当变频器接入大容量变压器时，变频器的输入电源回路流过的电流有可能对整流电路造成损害。

（2）直流电抗器的计算和设计原则同一般电抗器

8.3.3　输出电抗器

当变频器与电动机之间的距离超过变频器生产厂家规定的距离时，需要配输出电抗器。输出电抗器有助于改善变频器的过电流和过电压。变频器和电动机之间采用长电缆或向多电动机（10～50 台）供电时，由于变频器工作频率高，连接电缆的等效电路成为一个大电容，会引起下列问题：①电缆对地电容给变频器额外增加了峰值电流；②由于高频瞬变电压，给电动机绝缘额外增加了瞬态电压峰值。为了补偿长线分布电容的影响，并能抑制变频器输出的谐波，减小变频器噪声，避免电动机绝缘过早老化和电动机损坏，可以选用输出电抗器来减小在电动机端子的 $\mathrm{d}v/\mathrm{d}t$ 值，并补偿输出电缆的电容效应。

（1）配置输出电抗器的条件。

在变频器的输出侧是否要配置电抗器，可根据工程实际情况而定。

由于变频器输出电压中高次谐波较多，变频器与电动机之间的传输线不宜太长。导线过长，其分布电容也大，则在高次谐波电压作用下，高次谐波电流过大。当输出电缆过长时就应设置输出电抗器。在允许的范围内，可不要输出电抗器。

（2）输出电抗器的选择。

其计算和设计的原则同输入电抗器。

8.3.4　输入/输出滤波器

输入/输出滤波器为变频器厂家选配设备，可由厂家根据变频调速方案进行配置。一般采用电容、电感、电阻等无源器件组成的无源滤波器。采用无源滤波器后，满载时进线中的 THD 可降至 5%～10%，满足 EN61000-3-12 和 IEEE 519—1992 的要求。适用于所有负载下的 THD<30% 的情况，缺点是轻载时功率因数会降低。

1. 输入侧电源滤波器

输入侧电源滤波器的作用是降低输入侧高频谐波电流，减少谐波对变频器的影响。在变频器工作环境中，如果高次谐波干扰源较多或谐波强度较大，电磁噪声太强烈，应选用输入侧电源滤波器。其输入侧接电源，输出侧接变频器。

2. 变频器输出侧滤波器

变频器输出侧滤波器的作用是降低变频器输出谐波造成的电动机运行噪声，减少噪声对其他电器的影响。在变频器工作环境中，如果存在传感器、测量仪表等其他精密仪器、仪表，电动机运行噪声会使它们运行异常，最好选用变频器输出侧滤波器。变频器输出侧滤波器的输入侧接变频器，输出侧接电动机。

输入滤波器和输出滤波器安装时均须注意：尽量贴近变频器进行安装；滤波器的输入线和输出线，尽量保持原貌，不交叉、不捆扎；保证可靠的接地。

变频器使用的滤波器主要由滤波电容、滤波电感和电阻构成，而输入/输出电抗器主要由电感构成。对于抑制谐波，一般情况下滤波器的作用要大于电抗器。由于电抗器具有较大电感量，电抗器有其特殊的作用，除了可以平滑变频器的输入输出电流达到抑制谐波的目的之外，输出滤波器还可以改善变频器输出线路的分布电容，等效延长变频器和电动机之间的距离。当变频器和电动机之间的距离大于 100m 时，一般应安装输出电抗器。

8.3.5　多相脉冲整流

在条件具备或者要求产生的谐波限制在比较小的情况下，可以采用多相整流的方法。12 相脉冲整流的 THD 为 10％～15％，18 相脉冲整流的 THD 为 3％～8％，满足 EN61000-3-12 和 IEEE 519—1992 标准的严格要求。

低压变频器中，丹佛斯和西门子均提供 12 脉冲变频器或者解决方案，其主要原理是将两个标准的 6 脉冲整流器通过一个 30°移相变压器并联到三相系统；高压变频器中，单元串联多电平式高压变频器也可以归到这一类中。

8.3.6　隔离变压器

隔离变压器主要是应对来自于电源的传导干扰，可将绝大部分的传导干扰阻隔在隔离变压器之前，同时还可以兼有电源电压变换的作用。

8.4　变频器控制电缆干扰抑制措施

变频器由主回路和控制回路两大部分组成。由于主回路的非线性特点变频器本身会产生大量谐波，不仅会对电源侧和输出侧的设备会产生影响，也会干扰控制回路。与主回路相比，变频器的控制回路能量小、信号弱，主要为 4 ～ 20mA 电流信号（模拟）；1 ～ 5V/0 ～ 5V 电压信号（模拟）；开关信号等。这些弱信号极易受到干扰，造成变频器无法工作。因此，变频器在安装使用时，需对控制回路采取必要的抗干扰措施。常用的抑制干扰的方法有：

（1）控制电缆与主回路电缆或其他动力电缆分开铺设，并尽量避免平行布线，分离距离通常在 40cm 以上，不易分离时，将控制电缆穿铁管铺设。

（2）为了避免信号失真，对于较长距离传输的信号要注意阻抗匹配。

（3）在控制电源的输入侧装设线路滤波器；装设隔离变压器且屏蔽接地。

（4）接地线不作为信号的通路使用，控制电缆屏蔽层单点接地，控制电缆可单独使用接地端子，不与其他接地端子共用。

（5）在控制电缆回路中接 RC 滤波器或双 T 滤波器。

（6）控制电缆中如果可取电压或电流信号时，可将电压信号转换成电流信号再传输的方式。

（7）变频器控制柜，应尽量远离大容量变压器和电动机，控制电缆线路也应避开这些漏磁较大的设备。

（8）控制电缆不要接近产生电弧的断路器和接触器。

（9）控制电缆采用屏蔽绝缘电缆。

（10）屏蔽电缆的屏蔽要与电缆导体具有相同的长度，连接处电缆尽量带屏蔽层；电缆在端子箱中连接时，屏蔽端子互相连接。

8.5　抑制干扰的实例

例1：问题描述：某变频切换控制系统，当低压变频器启动正常运行时，变频器附近有一液位计读数偏高，一次表输入4mA时，即最低水位，但液位显示不是下限值。液位未到设定上限值时，液位计却显示上限，致使变频器接收停机指令，迫使变频器停止运行。

解决方案：这是变频器的高次谐波干扰液位计，干扰传播途径是液位计的电源回路或信号线。液位计由于靠近变频器，其供电电源与变频器取自同一电源。因此，首先将液位计的供电电源取自另一供电变压器，谐波干扰减弱，然后再将信号线穿入钢管敷设，与变频器主回路线隔开一定距离，经处理后，谐波干扰基本抑制，液位计工作恢复正常。

例2：问题描述：某变频控制液位显示系统，液位计与变频器在同一个柜体安装，变频器工作正常，而液位计显示不准且不稳，起初怀疑一次表、二次表、信号线及流体介质有问题，更换所有这些仪表、信号电缆，改善流体特性，故障依然存在。这是变频器的高次谐波电流通过输出回路电缆向外辐射，传递到信号电缆，引起干扰。

解决方案：液位计信号线及其控制线与变频器的控制线及主回路线分开一定距离，且柜体外信号线穿入钢管敷设，外壳良好接地，故障排除。

例3：问题描述：某变频控制系统，由两台变频器组成，在同一柜体内。变频器调频方式均为电位器手调方式。运行某一台变频器时，工作正常。两台同时运行时，频率互相干扰，调节一台变频器的电位器对另一台变频器的频率有影响，反过来也一样。

解决方案：该干扰可能由谐波干扰引起。把其中一只电位器移到其他柜体固定，引线用屏蔽信号线，结果干扰减弱。为了彻底抑制干扰，重新加工一个电控柜，与原柜体一定距离放置，把其中的一台变频器移到该电控柜，相应的接线及引线作必要的改动，这样处理后，干扰基本消除。

例 4：问题描述： 某变频器输出端到电动机间的输出电缆严重发热，电动机外壳温升超限，经常出现保护跳闸。经分析是由于变频器输出电压和电流信号中包含高次谐波分量，谐波电流在输出电缆和电动机绕组上形成附加功率损耗所致。

解决方案： 把变频器输入电缆与输出电缆分开，分别走各自的电缆沟，选用截面较大的电缆替换原先电缆，输出端与电动机之间的电缆长度尽可能缩短。这样处理后，发热故障排除。

例 5：问题描述： 某变频调速恒压供水系统，当通用变频器投入运行后，数字式液位显示器经常出现误指示、乱码等情况，将通用变频器停机，系统恢复正常。

解决方案： 怀疑是由于变频器谐波干扰造成的，在电源端装设市售的 II 型电源滤波器，液位显示恢复正常。

问题接续： 上述干扰问题解决后，随之又出现控制电路中的熔断器频繁熔断的问题。停电后对电路进行检测，在电路中没有发现短路点。经现场详细观察发现，在系统逐渐升速过程中，变频器运行在某个频率时发生短路故障。根据该现象，分析电源短路故障是由于变频器产生的谐波造成电源滤波器发生串联谐振引起的。

解决方案： 首先采用大电容替代原来的电源滤波器进行滤波，解决了电源的干扰问题。其次，将液位指示器进行了金属屏蔽，并将信号屏蔽线、金属屏蔽层作了单独接地，与系统接地分开，使信号电缆与电源电缆分开敷设。采用上述措施后，整个系统的工作恢复常。

例 6：问题描述： 某大型水泵变频系统运行时，两线制仪表信号受到干扰，测量值出现波动。波动比较严重时，控制系统发出压力高或者压力低的信号；干扰非常严重时，控制系统误认为是压力过低，而自动关闭一些阀门。但是，除了两线制以外的仪表，均正常工作，没有受到干扰。而且变频器运行后，车间变压器保护装置误动作，经常发出过负荷报警，甚至还发生误动作跳闸的事故。

解决方案： 由于控制线与动力线距离比较近，初步判断为电磁干扰造成。将控制电缆和动力电缆之间的距离由原来的 15cm 调整到 30cm 以上再次试验，发现干扰现象仍然存在。为了确认是否是电磁干扰沿控制线路引入 PLC 控制系统，将控制电缆从 PLC 控制柜去除，变频器控制柜现场手动调速，发现两线制仪表信号受到的干扰现象仍然存在，所以基本排除了是电磁干扰信号沿控制线路引入PLC控制系统。后经电能质量测试仪对变频器供电回路进行谐波测试发现谐波含量很高，说明干扰是变频器谐波以传导方式污染供电网络造成的。此后，在变频器内置交流输入电抗器的基础上，增加 EMC 滤波器，然后再运行，仪表信号干扰现象消除，变压器继电保护装置不再误动作。

第**9**章

变频电动机及变频电缆

9.1 变 频 电 动 机

在变频调速过程中，变频器会对电动机产生诸多方面的影响。变频电动机就是专门为适应变频器驱动而设计的专用电动机。

9.1.1 变频器对电动机的影响

（1）电动机的效率和温升的问题。

不论哪种形式的变频器，在运行中均产生不同程度的谐波电压和电流，使电动机在非正弦电压、电流下运行。高次谐波会引起电动机定子铜耗、转子铜（铝）耗、铁耗及附加损耗的增加，最为显著的是转子铜（铝）耗。因为异步电动机是以接近于基波频率所对应的同步转速旋转的，因此，高次谐波电压以较大的转差切割转子导条后，便会产生很大的转子损耗。除此之外，还需考虑因集肤效应所产生的附加铜耗。这些损耗都会使电动机额外发热，效率降低，输出功率减小，如将普通三相异步电动机运行于变频器输出的非正弦电源条件下，其温升一般要增加 10%～20%。

（2）电动机绝缘强度问题。

目前中小型变频器，不少是采用 PWM 的控制方式。其载波频率约为几千到十几千赫兹，这就使得电动机定子绕组要承受很高的电压上升率，相当于对电动机施加陡度很大的冲击电压，使电动机的匝间绝缘承受较为严酷的考验。另外，由 PWM 变频器产生的矩形斩波冲击电压叠加在电动机运行电压上，会对电动机对地绝缘构成威胁，对地绝缘在高压的反复冲击下会加速老化。

（3）谐波电磁噪声与振动。

普通异步电动机采用变频器供电时，会使由电磁、机械、通风等因素所引起的振动和噪声变的更加复杂。变频电源中含有的各次时间谐波与电动机电磁部分的固有空间谐波相互干涉，形成各种电磁激振力。当电磁谐波的频率和电动机机体的固有振动频率一致或接近时，将产生共振现象，从而加大噪声。由于电动机工作频率范围宽，转速变化范围大，各种电磁谐波的频率很难避开电动机的各构件的固有振动频率。

(4) 电动机对频繁启动、制动的适应能力。

由于采用变频器供电后，电动机可以在很低的频率和电压下以无冲击电流的方式启动，并可利用变频器所供的各种制动方式进行快速制动，为实现频繁启动和制动创造了条件，因而电动机的机械系统和电磁系统处于循环交变力的作用下，给机械结构和绝缘结构带来疲劳和加速老化问题。

(5) 低转速时的冷却问题。

首先，异步电动机的阻抗不尽理想，当电源频率较低时，电源中高次谐波所引起的损耗较大。其次，普通异步电动机在转速降低时，冷却风量与转速的三次方成比例减小，致使电动机的低速冷却状况变坏，温升急剧增加，难以实现恒转矩输出。

针对上述弊端，变频电动机在设计上要从电磁设计、绝缘设计、结构设计等方面进行改进或重新设计，使之更适合变频技术的要求。

9.1.2 变频电动机特点

1. 电磁设计方面

在普通异步电动机设计基础上，为提高变频调速电动机性能，需对变频电动机的设计参数进行特殊考虑，以满足变频器对变频电动机的性能要求。其电磁设计中的电磁参数不仅限于某一个工作状态，而是使每个频率点的转矩参数满足额定参数要求；最大发热因数满足温升限值；最高磁参数满足材料性能要求；最高频率点满足转矩倍数要求；额定点效率、功率因数满足额定要求。同时，为减小变频器输出谐波对异步电动机工作的影响，在电磁设计上应将谐波电流限制在一定范围内。

该方面的具体特点有：变频电动机设的定子漏抗、转子漏抗比普通电动机大；变频电动机的主磁路一般设计成不饱和状态；气隙一般比普通电动机稍大，通常为同样大小的普通异步电动机的两倍。

2. 绝缘设计方面

电动机运行于逆变电源供电环境，其绝缘系统比正弦电压和电流供电时承受更高的介电强度。与正弦电压相比，变频电动机绕组线圈上的电应力有两个不同点：一是电压在线圈上分布不均匀，在电动机定子绕组的首端几匝上承担了约 80％过电压幅值，绕组首匝处承受的匝间电压超过平均匝间电压 10 倍以上。这是变频电动机通常发生绕组局部绝缘击穿，特别是绕组首匝附近的匝间绝缘击穿的原因。二是电压（形状、极性、电压幅值）在匝间绝缘上的性质有很大的差异，因此产生了过早的老化或破坏。变频电动机绝缘损坏是局部放电、介质损耗发热、空间电荷感应、电磁激振和机械振动等多种因素共同作用的结果。

该方面的具体特点有：良好的耐冲击电压性能；良好的耐局部放电性能；良好的耐热、耐老化性能。而且材料上使用耐电晕电磁线、绝缘漆和其他绝缘材料，工艺上采用真空压力浸渍工艺，形成无气隙绝缘，绝缘等级一般为 H 级或更高。

3. 轴承绝缘设计

变频电动机是三相负载，某一相经电动机的杂散电容与地耦合。杂散电容虽然小，但为逆变器输出电压高 $\mathrm{d}v/\mathrm{d}t$ 产生的瞬态电流对地提供低阻抗路径。杂散电容之一就是电动机的轴承与润滑剂的薄膜所构成电介质。由于电力电子逆变器工作时，电动机磁路不对称产生环形磁通而感应交流电压、转轴上静电聚集产生电压以及变频器三相输出电压瞬时值不为零，导致中性点不为零，从而产生共模电压等因素合成产生轴到地电压，其中共模电压是造成轴电压和轴承与泄漏电流的主要原因。若轴电压超过轴承润滑剂的介质能力，对轴承产生放电加工现象（Electric Discharge Machining，EDM）。由于轴承的滚道上有可能存在凸出点，旋转时通过该处的轴承电流断开，从而引起电弧，灼伤金属表面，在轴承的座圈内出现横向沟槽、凹坑或粗糙面，明显加速轴承的磨损，先是产生不正常噪声，后至轴承烧毁。一般轴电压高于 500mV（峰值）时，为避免轴承受到电腐蚀，就要求对轴承采用绝缘措施。

该方面的具体特点有：对容量超过 160kW 的变频电动机一般采用轴承绝缘技术。也有采取其他技术的，如采用导电润滑剂；如采用电动机负荷侧轴承接地、非负荷侧轴承绝缘；如增加轴接地系统等。

4. 结构设计

在结构设计时，主要也是考虑非正弦电源特性对变频电动机的绝缘结构、振动、噪声冷却方式等方面的影响，具体有以下特点：

固有频率较高，可以避开与各次力波产生共振现象；一般采用强迫通风冷却，即主电动机散热风扇采用独立的电动机驱动，使其在低速时保持足够的散热风量；对恒功率变频电动机，当转速超过 3000r/min 时，一般采用耐高温的特殊润滑脂，以补偿轴承的温度升高；电动机轴承留有一定轴向窜动量和径向间隙，即选用较大游隙的轴承以承受较大的冲击和脉振；对于最大转速较高的变频电动机，一般在端环外侧增加非磁性护环，以增加强度和刚度；为配合变频调速系统进行转速闭环控制和提高控制精度，一般在变频电动机内部装设非接触式转速检测器；调速系统对传动装置加速度有较高要求时，有的变频电动机长径比较大的结构，以减小转动惯量。总之，变频电动机在以上几个方面采取特殊设计后，在使用时有以下优点：低频大扭矩输出的恒力矩范围宽；恒功率范围宽；转动惯量小，加速度快；体积相对较小；高速特性好；抗振性能好；高过载力矩；低噪声。

5. 变频电动机选用一般方法及使用场合

（1）变频电动机选用一般方法。

1）根据连续负载容量尽可能高的原则，利用电动机负载容量曲线选择电动机。

2）根据连续负载转矩、最大转速等参数计算电动机功率容量，确定其容量等级。

3）核算在临界点上所需电动机转矩，如启动转矩、最小速度下的转矩、最大速度下的转矩等。

（2）建议选用变频电动机的场合。

采用变频器进行交流调速时，为减少投资，一般情况下无需更换原有的交流异步电动机，但在以下几种情况，建议选用变频电动机：

1）由于普通异步电动机是按照工频50Hz设计制造的，当其用于工作频率大于50Hz甚至更高的场合时，由于普通电动机无法承受高速机械离心力，因此建议选用变频电动机。

2）使用变频器后，若异步电动机长期处于低频运行（如10Hz以下）或者长期重载运行时，电动机发热较为严重，建议采用变频电动机。

3）当调速范围比较大且频率变化频繁时，由于无论低频还是高频时，普通异步电动机发热量都会上升，建议选用变频电动机。

4）当普通异步电动机高速运行时，噪声、振动等都较大时，鉴于变频电动机具有较好的机械结构强度，建议选用变频电动机。

5）其他指定需要变频电动机的场合。

9.2　变　频　电　缆

变频调速技术关系到变频电动机、变频电源和连接电缆，这段电缆长度并不很长，截面也不很大，绝缘性能属于电力电缆范畴，因为实际的工作频率为30～300Hz，常简称为变频电缆，如图9-1所示。

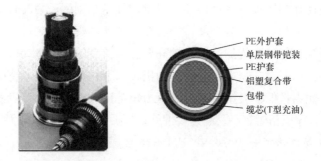

图9-1 变频电缆

变频电缆作为电动机与变频器的电力传输载体，传输功率大且承受脉冲电压。这种工况导致，工作时脉冲电压对绝缘有较大影响，电缆本体对外发射电磁波，中性线电流出现叠加等现象。因此，变频电缆必须能够抑制高次谐波电压累加造成的绝缘损坏、抑制高次谐波电流累加造成的中性线过载以及抑制高频电磁波对环境的污染等问题。为解决上述问题，变频电缆设计时采用了对称结构，并具有良好的电磁屏蔽能力和较大的中性线载流能力。

9.2.1 特点分析

1. 结构特点

（1）对称性结构。常规的3＋1结构是不对称的，变频电缆就要求改为3＋3结构，或者直接使用三芯电缆，如图9-2（a）、（b）、（c）所示。6kV/10kV变

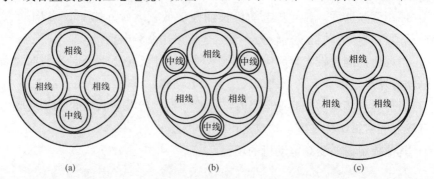

图9-2 普通电缆3＋1结构与变频电缆3＋3结构
及变频电缆三芯结构示意图

（a）普通电缆3＋1结构；（b）变频电缆3＋3结构；（c）变频电缆三芯结构

频电动机专用电缆是由铜丝铜带屏蔽后挤包分相护套，然后对称成缆。对称电缆结构由于导线的互换性，有更好的电磁相容性，对抑制电磁干扰起到一定作用，能抵消高次谐波中的奇次频率，提高变频电缆的抗干扰性，减少整个系统中的电磁辐射。

（2）加强屏蔽。1.8kV/3kV 及以下变频电缆的屏蔽一般可以只采用总屏蔽，而 6kV/10kV 变频电缆则应由分相屏蔽和总屏蔽构成。分相屏蔽可采用铜带屏蔽或铜丝钢带组合屏蔽，总屏蔽结构可采用铜丝铜带组合屏蔽、铜丝编织屏蔽、铜带搭盖纵包并轧纹屏蔽、铜丝编织铜带屏蔽等。屏蔽层的截面与主线芯的截面可按一定比例或根据需要而设定。

2. 材料特点

变频电缆的绝缘材料一般为高性能交联聚乙烯（XLPE）。0.6kV 与 1kV、1.8kV 与 3kV 以及 6kV 与 10kV 变频电缆则分别采用 1kV、10kV 和 35kV 的交联聚乙烯绝缘材料。变频电缆的外护套材料一般采用高密度聚乙烯护套材料。

9.2.2 电气性能

1.8kV 和 3kV 及以下变频电动机专用电缆电气性能均按 GB/T 12706.2002 标准设计。6kV 和 10kV 变频电动机专用电缆在满足 GB/T 12706.2002 标准外，增加了电容和电感等电性能要求。根据变频电动机专用电缆的实际使用情况并参照 GB/T 12706.2002 和 ABB 公司对电力传动电缆的技术条件，确定了变频电缆的电气性能参数。

以变频电缆 6kV/10kV 3×300 为例（有分相屏蔽和总屏蔽结构），其部分电气性能参数见表 9-1。

表 9-1　　　　　　　部分电气性能参数

序号	项　目	性　能　要　求
1	20℃时导体直流电阻	$\leqslant0.0601\Omega/km$
2	局部放电试验	施加 $2U_0$ 电压时，放电量$\leqslant5pC$
3	交流耐压试验	施加 $3.5U_0$ 电压，5min，绝缘不击穿
4	4h 电压试验	施加 $4U_0$ 电压，4h，绝缘不击穿
5	75kV 冲击电压试验	每根绝缘线芯施加正、负各十次冲击电压，绝缘不击穿
6	电容	$\leqslant0.485\mu F/km$
7	电感	$\leqslant0.295mH/km$

第10章

实 例

本章主要内容是对变频器选型问题进行实例分析,着重对空冷风机、凝结水泵、引风机、一次风机等发电厂重要辅机设备的变频选型及其相关问题进行了详细叙述,并简要介绍了增压风机、疏水泵及给水泵的变频控制实例。

10.1 空冷风机变频

10.1.1 控制对象

在直接空冷电站系统中,空冷凝汽器和与之相配套的风机构成直接空冷设备的主体。一般情况下,由 8 片管束组成空冷凝汽器,配以一台风机组成空冷凝汽器的单元组。直接空冷风机位于凝汽器的下方,常选用低压、大流量、大直径的轴流风机,以利于空冷电站的稳定运行。因此,直接空冷风机是直接空冷电站系统的重要部件。

直接空冷系统的流程图如图 10-1 所示。汽轮机排汽通过粗大的排汽管道送到室外的空冷凝汽器内,轴流冷却风机使空气流过散热器外表面,将排汽冷凝成水,凝结水在经过泵送回汽轮机的回热系统。

空冷系统建筑规模庞大,一般称为空冷岛,包括凝结水系统(凝结水箱)、真空疏水系统(包括疏水泵)、排气/抽气系统(水环泵单元)、空冷凝汽器(acc)等四套系统。通过 dcs 集散控制系统,实现对这四套系统的自动检测、自动调节、顺序控制、自动保护等自动控制功能。空冷岛的风机主要由大流量、低压、大直径轴流风机,而且是数十台呈阵列连续布置在一起构成,其外观如图 10-2 所示。

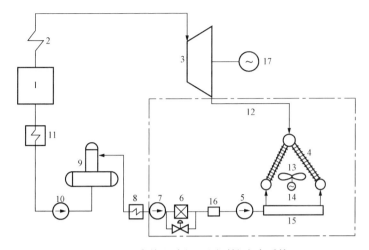

图 10-1 直接空冷机组原则性汽水系统

1—锅炉；2—过热器；3—汽轮机；4—空冷凝汽器；5—凝结水泵；6—凝结水
精处理装置；7—凝结水升压泵；8—低压加热器；9—除氧器；10—给水泵；
11—高压加热器；12—汽轮机排汽管道；13—轴流冷却风机；14—立式电动
机；15—凝结水箱；16—除铁器；17—发电机

图 10-2 空冷岛外观图

(a) 空冷岛外观；(b) 空冷岛轴流风机群

10.1.2 电动机

YYH 电厂空冷风机电动机采用进口 ABB 变频高效鼠笼型，神东煤炭公司
SW 煤矸石发电厂、GJW 发电厂则为普通三相异步电动机。

10.1.3 变频器容量选择

以 SW 煤矸石发电厂为例，变频器容量计算主要是根据电动机参数，利用
式（5-1）、式（5-2）进行核算。

电动机参数如下：

额定电压	380V±10％
电动机额定功率	110kW
功率因数	$\cos\varphi=0.85$
额定效率	＞95％

由式（5-1）、式（5-2）得

$$P_{CN} \geqslant \frac{KP_M}{\eta\cos\varphi} = \frac{1.1\times110}{0.95\times0.85} = 150(\text{kVA})$$

$$I_{CN} \geqslant KI_M = 1.1\times198 = 218(\text{A})$$

因此可选用容量大于上述数值的变频器。SW 煤矸石发电厂选用了施耐德容量为 157kVA 的型号：ATV71HC13N4，从容量角度能够满足要求。同样的计算方法，GJW 发电厂选择了艾默生 EV2000-4T1320G；YYH 电厂选择 ABB 的对应 110kW 的 ACS800 系列变频器。

10.1.4 变频器主拓扑选择

由于低压通用变频器具有统一的拓扑结构，因此在主电路的拓扑选择方面，完全一致。

10.1.5 控制方式选择

空冷风机在我国主要用于西部水资源比较缺乏而风资源较为丰富的地区，空冷风机安装位置空旷，自然风较大，使得处于非运行状态的空冷风机在自然风的作用下自由运转，由于风向不一，造成风机反转的可能性很大。这就会使变频器控制的风机在启动时面临很大的反向转矩，因此虽然空冷风机属于典型的风机泵类负荷，但由于其在启动时会遇到较大的反向转矩，故而在选择变频器时不能简单照搬而选用普通的风机泵类专用变频器，而应选择启动性能好的控制方式，如矢量控制（VC）与直接转矩控制（DTC），以满足风机启动的需要。

因此，其选型如下：

SW 煤矸石发电厂所选施耐德 ATV71HC13N4 为矢量控制方式的恒转矩变频器；GJW 发电厂所选为艾默生 EV2000-4T1320G 为矢量控制方式的恒转矩变频器；YYH 电厂所选 ABB 公司的 ACS800 系列为直接转矩控制方式的恒转矩重载型变频器。

10.1.6 变频器室布置

空冷风机变频器一般设计在距离空冷岛较近的地方，集中安装并具有独立空间。空冷风机变频器室内布置图举例如图 10-3 所示，实物图如图 10-4 所示。距离空冷风机电动机超过 100m，因此必须在变频器系统中安装输出电抗器，以保证输出端能补偿电缆的对地电容和有效抑制谐波。

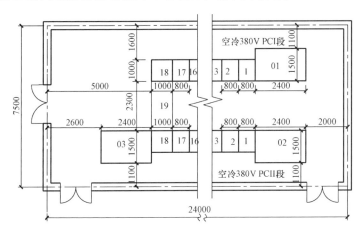

编号	名　称
01~02	工作变压器
03	备用变压器
1~2	低压抽屉式开关柜
3~17	变频器柜
18	备用进线柜
19	母线桥

图 10-3　空冷风机变频器室内布置图

10.1.7　变频器通风及冷却

在 SW 煤矸石发电厂的变频器室安装在主厂房内,设计通风系统时,可能是考虑到其所在地风沙较大,采用了从主厂房内取新风的正压式通风方式。主厂房内没有大颗粒灰尘,却存在细微颗粒,因此其通风口安装了滤网,但仍然导致变频器室内的灰尘较多,且散热很差,时常导致变频器室内温度超过警戒温度。其室内通风如图 10-5 所示。

图 10-4　空冷风机变频器室内布置实物图

GJW 和 YYH 电厂空冷风机变频器室采用的是风冷冷风型柜式空调机进行冷却通风。空冷配电室设置风机箱机械送风,轴流风机机械排风,并设置风冷柜式空调机降温。室外空气经百叶进入送风机箱,经过滤后,通过送风管道,经由各百叶风口均匀送至室内,通过变频器下部进风口进入变频器,吸收热量后从变频器上部排风口排至排风管道,经轴流风机排至室外,以减少变频器对房间的散热量。其室内通风如图 10-6 所示。实际运行效果较好,能够满足变频器的温度要求。

假如变频器自带轴流风机功率不够时,可在风道中增加风机,以满足通风冷却需要。

图 10-5 SW 变频器室内通风实物图   图 10-6 GJW、YYH 空冷变频器
室内通风实物图

10.2 凝结水泵变频

10.2.1 控制对象

凝结水泵是火力发电厂主要动力设备之一，而且对机组整体安全性有重大影响。JH 发电厂凝结水泵采用一运一备的方式，系统布置如图 10-7 所示。

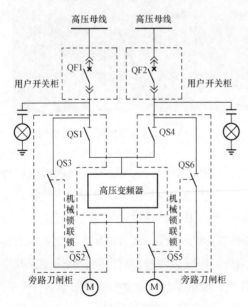

图 10-7 凝结水泵系统布置图

10.2.2 电动机

电动机为上海电动机厂制造，型号为 YBPLKS800-6，额定电压为 6kV，额定电流为 245 A，额定转速为 992r/min，额定输出功率为 2715kW，额定输入功率为 2550kW。实物图如图 10-8 所示。

10.2.3 变频器容量选择

高压变频器容量的选择：
由式（5-1）、式（5-2）得

$$P_{CN} \geqslant \frac{KP_M}{\eta\cos\varphi} = \frac{1.1 \times 2715}{0.97 \times 0.85}$$

$$= 3622(\text{kVA})$$

$$I_{CN} \geqslant KI_M = 1.1 \times 245 = 270(\text{A})$$

因此高压变频器的容量应该大

于 3622kVA。

10.2.4 变频器主拓扑选择

由于电厂电磁环境复杂，且
厂用电系统的电能质量必须得到
保证，因此在高压变频领域，可
以选用主拓扑结构为单元串联式
高压变频器，无需增加谐波抑制
设备，而且对电源系统基本没有
谐波干扰。

10.2.5 控制方式选择

凝结水泵变频器可以选用V/f

图 10 - 8　凝结水泵电动机实物图

控制、矢量控制等方式。对于凝结水泵一般选用 V/f 控制方式即可满足要求，
且简单可靠。而矢量控制可以获得更好的转矩控制性能和调速性能，本例中选择
了矢量控制方式。

最终选型为东芝高压变频器，其基本数据的选择如表 10 - 1 所示。

表 10 - 1　　　　　　　　　　高压变频器基本数据

型　　号	TMEIC-TMdrive-MV
额定输入电压（kV）	6
额定输出电压（kV）	0～6
额定输出电流（A）	350
额定容量（kVA）	3630
输入频率（Hz）	×50
变频效率（%）	>98.5
控制方式	无速度传感器矢量控制

10.2.6 变频器室布置

本实例由于是改造项目，考虑到安装空间的因素，将变频系统直接安装在
6kV 厂用电配电室中，如图 10 - 9 所示。该配电室位于主厂房中间层，凝结水泵
电动机在 0m 层，6kV 配电室室内布置实物图如图 10 - 10 所示。

10.2.7 变频器通风及冷却

由于为改造项目，且变频器装置柜体安装在 6kV 厂用电配电室，故该凝结
水泵变频器装置通风设计与一般空调密闭冷却通风方式略有区别。在室内安装柜

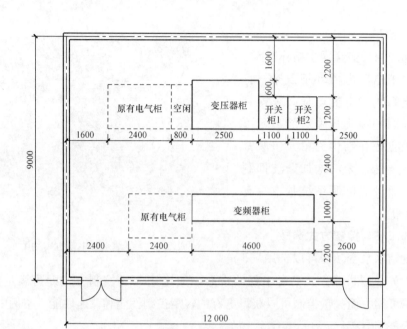

图 10-9 凝结水泵变频器室内布置图

图 10-10 凝结水泵变频器室内布置实物图

式空调，对变频器来讲经空调机组过滤降温处理后送入房间的冷风，经变频器底部的进风口进入设备内部，热空气由其顶部排风口和排风通道由轴流风机排出室外，以减少变频器对房间的散热量，如图 10-11 所示。而对其他设备的通风，而是保持了原有 6kV 厂用电配电室内墙顶部安装的轴流风机排出室外，如图 10-12所示。实际运行情况良好，变频器本体其他设备均正常工作。

图 10-11 凝结水泵变频器功率模块柜通风实物图

图 10-12 原有 6kV 厂用电配电室排气轴流风机实物图

10.3 引风机变频

10.3.1 控制对象

引风机的作用是维持炉膛内一定的负压，克服尾部烟道内的压力损失（包括除尘器），排出炉膛内产生的烟气。引风机的叶轮做旋转运动，带动流体一起旋转，通过叶轮上的叶片对流体做功提高流体能量，从而实现流体输送的过程。图

10 - 13 为引风机的工作简图，图 10 - 14 为实物图。

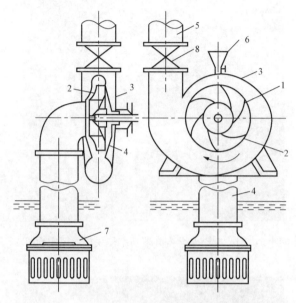

图 10 - 13 引风机工作简图

1—叶片；2—叶轮；3—风机壳；4—吸入管；

5—压出管；6—人口风门；7—底阀；8—阀门

图 10 - 14 引风机实物图

引风机主要由吸入室、叶轮和压出室组成。吸入室是将流体从叶轮的进口均匀的引入，此过程要求流体的流动压力损失最小。然后流体进入叶轮，在叶轮高速旋转的带动下，流体受离心力的作用，从叶轮边缘流出，实际上叶轮是把机械能转化流体动能的部件。流出的流体进入压出室，经压出室排出，将流体直接送入排除管路。为防止流体流动损失过大，压出室还有降低流体速度，增加流体压力的作用。

引风机是依靠装在主轴上叶轮的旋转运动来使空气具有一定压能并流动的，引风机的有效功率为

$$P_e = H \times Q$$

式中　H——引风机的出口压力；

　　　Q——引风机的流量。

由上式可知：引风机的有效功率 P_e 与引风机的出口压力 H 和出口流量 Q 成正比。引风机的流量 Q 越大，则引风机的有效功率 P_e 就越大，引风机消耗的电能也就多，反之，则引风机消耗的电能就少。引风机的流量 Q 与引风机的转速 n 有关，对同一台引风机而言

$$\frac{Q_1}{Q_2} = \frac{n_1}{n_2}$$

即引风机流量 Q 与引风机的叶轮转速 n 成正比，引风机的转速越低，则引风机的流量就越少。电厂的引风机是由电压等级为 6kV 的交流电动机驱动的，对引风机的调速实际而言是对引风机提供驱动力的交流电动机的进行调速。

10.3.2　电动机

引风机采用立式三相异步电动机，如图 10 - 15 所示，其参数如表 10 - 2 所示。

图 10 - 15　引风机电动机实物图

表 10 - 2　　　　　　　　　　　电 动 机 参 数

型号	YFKK710-6W	型号	YFKK710-6W
额定频率	50Hz	额定电压	6kV
额定功率	1800kW	电动机效率	95.5%
转速	995r/min	生产厂家	湘潭电动机厂
额定电流	212A		

10.3.3　变频器容量选择

根据前述的变频器容量计算方法，可得

$$P_{CN} \geqslant \frac{KP_M}{\eta\cos\varphi} = \frac{1.05 \times 1800}{0.955 \times 0.75} = 2638(\text{kVA})$$

$$I_{CN} \geqslant KI_M = 1.05 \times 212 = 222(\text{A})$$

因此，变频器的容量必须大于 2638kVA，额定电流大于 222A。

10.3.4　变频器主拓扑选择

由于是典型风机类负载，且电厂电磁环境复杂，厂用电系统的可靠性和电能质量必须得到保证，因此可以选择谐波含量很低的单元串联多电平主拓扑结构。

10.3.5　控制方式选择

一般来说，V/f 控制方式即可满足要求，但由于大容量风机惯量较大，为保证启动转矩和过载转矩，选用转矩控制性能较好的矢量控制和直接转矩控制，是一般电厂在选型时常用的策略。因此选用了安川变频器型号如表 10 - 3 所示。

表 10 - 3　　　　　　　　　　安 川 变 频 器 型 号

型式及型号	CIMR-MV1S625C	型式及型号	CIMR-MV1S625C
容量	3000kVA	变压器额定容量	2800kVA
主回路输入电压	3-PHASE AC 6kV	变频器效率	约97%
额定输出电压	3-PHASE AC 6kV	变频器功率因数	0.95 以上
额定输出电流	260A	控制方式	矢量控制
最大适用电动机容量	2500kW	主回路	电压型多级串联方式

10.3.6　变频器室布置

引风机变频器设有专门的变频器室，室内布置如图 10 - 16 所示，布置实物图如图 10 - 17 所示。变频器室的位置则根据实际情况采取方便、就近的原则，这样既可以节省电缆，又可以减小变频器与电动机的距离，节省输出电抗器的安装，如图 10-18 所示。

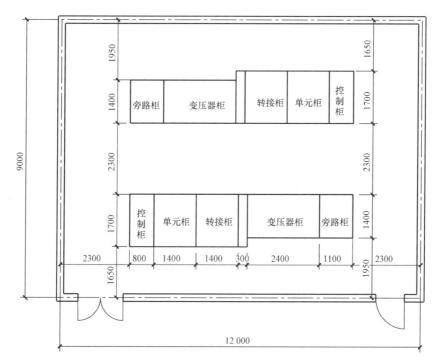

图 10-16 引风机变频器室内布置图

图 10-17 引风机变频器室内布置实物图

图 10-18 引风机电动机与
变频器室相对位置图

10.3.7 变频器通风及冷却

该厂引风机高压变频器室采用空调密闭冷却方式。变频器室为具有隔热保温的密封房间，利用空调的制冷对对高压变频器进行散热冷却，如图 10 - 19 所示。实际运行效果较好，能够满足变频器的温度要求。另外，为保证室内温度的监测，设有室内温度传感器，如图 10 - 20 所示。

图 10 - 19　引风机变频器室　　　　　　图 10 - 20　室内温度传感器
通风冷却系统实物图

10.4　一 次 风 机 变 频

10.4.1　控制对象

输送空气供给锅炉磨煤机所使用的风机称为一次风机，其作用是将空气增压后通过一次风道送入空气预热器，加热到一定温度后，进入热一次风道，然后分配到磨煤机作为煤粉的干燥和输送介质。考虑到磨煤机出口温度的控制，在一次风进入预热器前抽出部分冷风送至冷一次风道。一次风机所输送空气的温度与室温一致。因制粉系统阻力影响，所以对这类风机除了保证锅炉制粉系统所需要的空气量外，还必须克服送风系统和制粉系统的管道阻力，要求风机风压较高，所以在结构上多采用双级叶轮的高转速风机。

LC 发电厂 1 号机组配置 2 台一次风机，正常时并列运行。一次风机设计流量 67m³/s，风机全压：9.2kPa；转速：1492r/min。风机风量调节为入口挡板调节方式，由于这样的调节方法仅仅是改变通道的流通阻力，而驱动源的输出功率并没有改变，节流损失相当大，浪费了大量电能，致使厂用电率高，发电成本不易降低。同时，电动机启动时会产生 5～7 倍的冲击电流，对电动机造成损害。

10.4.2　电动机

一次风机电动机为三相异步电动机，其实物图如图 10 - 21 所示，型号参数如表 10 - 4 所示。

表 10 - 4	型 号 参 数		
型号	AMA500L4A BAYH	型号	AMA500L4A BAYH
额定功率	1650kW	功率因数	0.9
额定电压	6000V	转速	1492r/min
额定电流	182A	生产厂家	ABB

图 10 - 21　一次风机电动机实物图

10.4.3　变频器容量选择

按照第五章的容量选择方法，即由式（5 - 1）、式（5 - 2）得：

$$I_{CN} \geqslant KI_M = 1.1 \times 182 = 200(\text{A})$$

$$P_{CN} \geqslant K\sqrt{3}U_M I_M = 1.1 \times \sqrt{3} \times 6 \times 182 = 2080(\text{kVA})$$

因此，变频器的容量必须大于等于2080kVA，额定电流大于等于200A。

10.4.4　变频器主拓扑选择

高压变频器主电路方式有多种，由于风机负荷无需能量回馈，且考虑到谐波问题，因此可选用串联多电平型拓扑结构的变频器，既可满足要求，又可免去谐波抑制装置。

10.4.5　控制方式选择

与引风机类似，一次风机也属于典型的二次方律负载，调速精度要求不高，V/f 控制方式即可满足要求。也可选择其他控制方式，如矢量控制和直接转矩控制。本例中考虑到一次风机的风阻较大，为保证电动机转矩性能，采用了矢量控制。

因此，选择湖北三环高压变频器型号如表 10 - 5 所示。

表 10 - 5　　　　　　　高 压 变 频 器 参 数

型号	SH-HVF-Y6K/1650	型号	SH-HVF-Y6K/1650
额定容量	2065kVA	额定电流	198.5A

10.4.6　变频器室布置

一次风机变频器设有专门的变频器室，室内布置如图 10 - 22 所示，实物图如图 10 - 23 所示。变频器室的位置则根据实际情况采取方便、就近的原则，这样一来可以节省电缆，二来可以减小变频器与电动机的距离，节省输出电抗器的安装，变频器室与一次风机电动机的相对位置如图 10 - 24 所示。

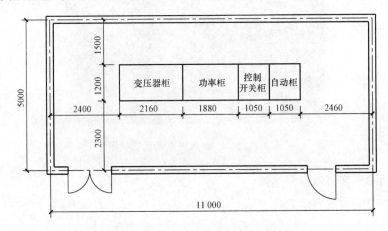

图 10 - 22　一次风机变频器室内布置图

10.4.7　变频器通风及冷却

该厂一次风机高压变频器室通风冷却方式与 10.3 实例中引风机一致，采用空调密闭冷却方式。该种方式可适用高温、粉尘的恶劣环境。其实物图如图 10 - 25 所示。实际运行表明冷却效果较好，能够满足变频器的温度要求。

除了以上实例中的方式外，还有一种变频器室通风冷却方式：空气－水换热器密闭冷却方式。该方式从变频器顶部出来的热风，由换热器上部的风机直接引入空气－水换热器进行冷热交换，换热器中通温度低于 32℃ 的工业循环水，热风经换热器冷却后，变成冷风从换热器吹出，热量被循环冷却水带走，保证变频器控制室内的环境温度低于变频器正常工作要求的温度。

图 10-23 一次风机变频器室内布置实物图

图 10-24 一次风机电动机与变频器室相对位置图

设备整体安装于变频器室墙外，风道与变频器柜顶排气口直接连接，保证冷热风闭路循环，不引入室外空气。这样可以提高冷却器的运行效率，能对从变频器排出的热风直接进行降温处理。同时冷却水管线安装在变频器室室外，避免冷却水管线在室内布置出现漏水危及高压设备运行安全的严重事故发生。用于冷却的工业循环水的进水压力一般为 0.2～0.3MPa，进水温度不大于 32℃。

该方式相比空调方式，运行成本相对较低，耗电量小，但是不能迅速控制温度，且温度控制范围相对较小。

图 10 - 25　一次风机变频器室通风冷却系统实物图

10.5　增压风机变频

10.5.1　控制对象

为保护环境，减少二氧化硫排放量，许多电厂进行了脱硫系统改造或新建工程，其中增压风机是烟气脱硫装置中最主要的辅机之一，是脱硫装置能否安全和经济运行的关键设备，对增压风机进行变频改造可以提高风机的运行效率，增加稳定性，进而保证脱硫系统的运行可靠性，同时还能取得良好的节能效果，达到节能降耗的目的。

YZDE 发电厂有限公司，目前共有 4 台 600MW 燃煤发电动机组。一期 1号、2 号机组采用临界燃煤发电动机组，二期 3 号、4 号机组采用超临界燃煤发电动机组，机组安装的脱硫设施采用的是"石灰水—石膏湿法"脱硫工艺，即采用石灰石经吸收塔吸收二氧化硫，通过化学反应产出石膏。其工艺流程图如图10 - 26 所示，图中的风机即为增压风机。

10.5.2　电动机

增压风机电动机为普通三相异步电动机，其具体参数如表 10 - 6 所示。

表 10 - 6	具　体　参　数		
电动机型号	YKK900-10	电动机型号	YKK900-10
电动机功率	2800kW	电动机电流	200A
电动机转速	596r/min	功率因数	0.85
电动机电压	10kV	生产厂家	湘潭电动机厂

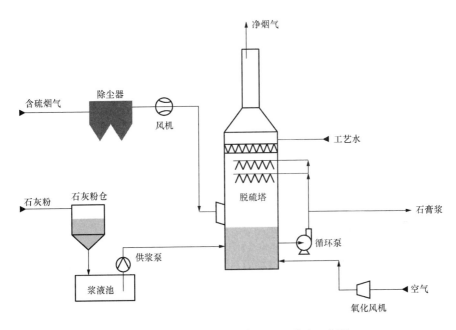

图 10-26 "石灰水—石膏湿法"脱硫工艺图

10.5.3 变频器容量选择

按照第 5 章的容量选择方法，即由式（5-1）、式（5-2）得

$$I_{CN} \geqslant KI_M = 1.1 \times 200 = 220 (\text{A})$$

$$P_{CN} \geqslant K\sqrt{3}U_M I_M = 1.1 \times \sqrt{3} \times 10 \times 200 = 3810 (\text{kVA})$$

但对于利德华福变频器，其在参数中给出的是适配电动机的功率，因此，只要满足电流要求（大于 220A），容量可根据电动机容量选择对应的适配电动机功率的变频器即可。实际中，对应的是配电及功率为 2400kW 的变频器，额定电流是 200A。虽然容量基本满足要求，但是电流过载能力较小，因此选择额定电流为 220A，适配电动机容量为 3000kW 的变频器 HARSVERT-A10/220，具体参数见表 10-7。

表 10-7   变频器 HARSVERT-A10/220 具体参数

型号	HARSVERT-A10/220	型号	HARSVERT-A10/220
额定电流	220A	适配电动机功率	3000kW
输入电压	10kV		

10.5.4 变频器主拓扑选择

高压变频器主电路方式有多种，由于风机负荷无需能量回馈，且考虑到谐波问题，因此可选用串联多电平型拓扑结构的变频器，既可满足要求，又可节省谐波抑制装置。

10.5.5 控制方式选择

增压风机属于典型的二次方律负载，V/f 控制方式即可满足要求。也可采用矢量控制等转矩控制性能较好的控制方式。

10.6 疏 水 泵 变 频

10.6.1 控制对象

发电厂疏水泵的作用是把排气装置的凝结水送入凝结水箱，以保证工质的循环使用。因疏水泵采用定速运行，出口流量只能由控制阀门调节，所以节流损失大，系统效率低，造成能源浪费。再加上控制阀门为电动机械调整结构，线性度不好，调节性能差，自动投入状况下稳定性差，频繁开关调节下易出现故障，使现场维护量增加，造成资源的浪费。

采用变频调速技术控制疏水泵电动机，不仅可以消除因调节阀门带来的节流损失，解决控制阀门开度调节线性度差、纯滞延大等难以控制的缺点，而且还可提高系统的经济性，节约能源，可为降低电厂厂用电率提供了良好的技术途径。

10.6.2 电动机

疏水泵电动机为普通异步三相电动机，其主要参数为：转速：2970r/min；电动机功率：160kW；电流：325A。

10.6.3 变频器容量选择

按照第 5 章的容量选择方法，即由式（5-1）～式（5-3）得

$$I_{CN} \geqslant KI_M = 1.1 \times 325 = 358(A)$$

$$P_{CN} \geqslant K\sqrt{3}U_M I_M = 1.1 \times \sqrt{3} \times 380 \times 325 = 235(kVA)$$

但对于三菱通用变频器，其在参数中给出了适配电动机的功率，因此，只要满足电流要求，容量可根据电动机容量选择对应的适配电动机功率的变频器即可。

10.6.4 变频器主拓扑选择

由于低压通用变频器具有统一的拓扑结构，无需在主电路的拓扑方面进行选择。

10.6.5 控制方式选择

疏水泵属于典型的二次方律负载，V/f 控制方式即可满足要求。

因此，选择三菱变频器型号如下：FR-F740-185，该型号的额定电流为：轻载 325A，超轻载 361A，适配电动机容量，轻载 160kW，超轻载 185kW。

10.7 给水泵变频

10.7.1 控制对象

锅炉给水泵是关系到发电厂和其他行业工业锅炉系统安全稳定运行的关键，是利用现代自动控制技术设计与组建的锅炉自动液位调节系统的重要组成部分。一旦给水泵出现故障将严重危害锅炉的运行安全，严重的还将导致重大事故的发生。

10.7.2 电动机

SJZJHJTYXZRGS 动力分厂给水泵基本参数如下：37kW 水泵电动机的额定电压为 380V，额定电流 67A，负载要求的最大输出功率 37kW。

10.7.3 变频器容量选择

按照第五章的容量选择方法，即由式（5-1）、式（5-2）得

$$I_{CN} \geqslant K I_M = 1.1 \times 67 = 74(\text{A})$$

$$P_{CN} \geqslant K \sqrt{3} U_M I_M = 1.1 \times \sqrt{3} \times 0.38 \times 67 = 48.5(\text{kVA})$$

10.7.4 变频器主拓扑选择

由于低压通用变频器具有统一的拓扑结构，无需在主电路的拓扑方面进行选择。

10.7.5 控制方式选择

给水泵风机属于典型的二次方律负载，V/f 控制方式即可满足要求。

因此，选择西门子变频器型号如下：MicroMaster 430 中订货为 6SE64302AD34-5FA0 的变频器，输出功率 57.2kVA；额定输入电流 86.6A；额定输出电流 90.0A。

10.8 其他需要说明的问题

10.8.1 海拔问题

在空冷变频实例中三个电厂变频器安装位置的海拔分别为：GJW：1057.92～

1097.14m、SW：1097.50～1150m、YYH：1350m，按照如图 10 - 27 所示的海拔与电流的关系，可以选用高一档容量的变频器，前述型号选择满足要求。

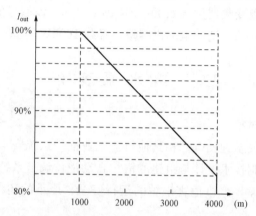

图 10 - 27　变频器额定输出电流与海拔高度降额使用*

* —艾默生 EV2000 系列变频器技术手册

10.8.2　谐波问题

在空冷变频实例的三个空冷风机变频系统中，只有 SW 电厂没有配置输入电抗器，仅配置直流电抗器，其谐波抑制配件见表 10 - 8。

表 10 - 8　　　　　　　SW 煤矸石发电厂所选变频器谐波抑制配件

1	输出电抗器	VW3A5105（施耐德）
2	直流电抗器	施耐德
3	EMC 滤波器	施耐德

变频器在工作时除了产生高频电磁波外，还会产生大量谐波，会通过供电回路进入整个供电网络，从而影响其他仪表。图 10 - 28、图 10 - 29 分别为 SW 电厂空冷变频器的出线端和进线端的电流波形。从图中可以看出，出线电流畸变很小，而进线电流畸变较大，说明存在较多谐波。从其谐波抑制配件表中可以看出，SW 电厂没有安装进线电抗器或者滤波器，导致谐波通过电源系统对控制和监控等弱电信号的干扰，使得 SW 电厂空冷变频进入 DCS 系统反馈信号，如输出频率、输出电流等信号出现较大误差，自建成后一直不能。电厂目前正在考虑采用安装进线、出线电抗器以及滤波的方式进行改进。

10.8.3　工频手动切换问题

在引风机实例中选择的是手动切换方式，其主要出发点，主要是考虑引风机

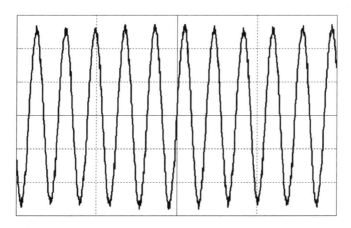

图 10 - 28　SW 变频器出线端电流波形

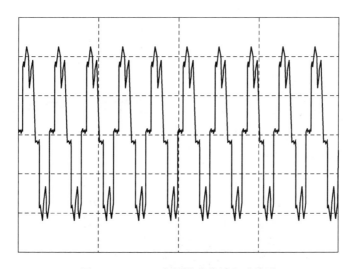

图 10 - 29　SW 变频器进线端电流波形

作为维持炉膛内一定负压、排出炉膛内产生烟气的设备，在短暂的切换停运过程中，由于烟道的气体温度很高，加之烟囱具有较高的高度，这种工艺使得炉膛本身在没有引风机的时候，具有一定的负压，而且引风机到炉膛负压存在一定的延迟。这也客观上决定了工频切换时可采用手动方式。其手动工频切换控制柜如图 10 - 30 所示，其切换回路和操作规程分别如图 10 - 31、图 10 - 32 所示，为保证操作时的可靠性，切换回路原理图和操作规程分别以面板的形式固定在柜体上。

10.8.4　工频自动切换问题

一次风机变频实施方案是每台一次风机电动机各用一套变频调速装置，变频装置为"一拖一"方式，每台变频调速装置同时加装自动工频旁路装置。变频器异常不能正常运行时，电动机可以自动切换到工频状态下运行，以保证生产的需要，其原理如图 10‑33 所示。

图 10‑30　引风机手动
工频切换控制柜实物图

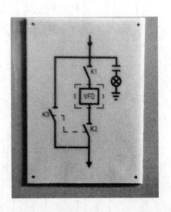

图 10‑31　引风机手动工频切换回路图

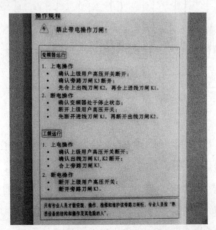

图 10‑32　引风机手动工频切换操作规程

图 10‑31 中 K1、K2、K3 为同一柜内真空接触器，K2、K3 电气互锁。当

变频器故障不能运行时，自动分 K2、K1，合 K3，变频到
工频切换时间约为 3s。QS1、QS2 为检修用隔离开关，QF
为原有的高压断路器。

　　当变频器故障退出后，通过一定的延时时间（本例中为
3s）后再自动投入工频旁路。延时切换的目的是减小退出变
频而直接投入工频时造成的冲击。当一次风机由变频器控制
时，挡板全开，而流量则靠变频器驱动的电动机的转速控
制。所以该延时时间主要由三部分构成：挡板由全开状态运
动到某一开度位置时所需要的时间；电气执行部件的动作时
间；其他杂散时间。本例中根据实际情况确定延时时间为
3s。这种处理方法虽然会使得工作介质（如空气）的流量在
切换过程中有所降低，但减少了冲击。另外，由于泵、风机
以及电动机会由于具有较大的惯性而具有一定的惰行时间，
也在某种程度上保证了一定的流量，减小由于切换延时时间

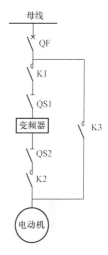

图 10 - 33　工频自动
切换原理图

带来的流量减小的负面效应。一次风机的工频自动切换旁路柜如图 10 - 34 所示，
工频自动切换控制柜柜体面板上的电路原理图如图 10 - 35 所示。

图 10 - 34　一次风机手动工
频切换控制柜实物图

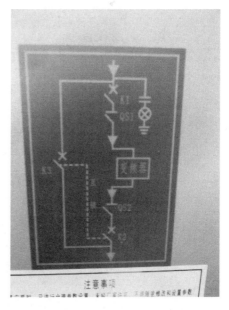

图 10 - 35　一次风机自动工频切换回路图

10.8.5　关于动力线与控制电缆的敷设问题

在一次风机实例中原先的高压变频器电缆敷设均没按照规程敷设，出现电磁干扰，后来对其进行了改造。首先动力电缆与控制电缆应尽量采用屏蔽电缆，而且不敷设在一起。在布置时应尽量使动力电缆和控制电缆分开走线，且间隔一定的距离。图 10 - 36 为电缆布置实物图，图中较粗的电缆为动力电缆，较细的电缆为控制电缆，图中表明，如果动力电缆和控制电缆可以分开走线时，应尽量使二者不平行走线，如果现场条件必须平行走线时应使二者保持一定距离，如图 10 - 37 所示。

图 10 - 36　电缆布置实物图

图 10 - 37　动力电缆和控制电缆保持一定距离实物图

10.8.6 变频器驱动电动机时产生的轴电流问题

当变频器应用于电动机驱动时，变频器产生的高频共模电压会在电动机转轴上感应出高幅值轴电压，并形成轴电流，使电动机的轴承在短期内损坏，缩短电动机的使用寿命。

共模电压产生的轴电流主要有：当电动机正常运行时，轴承内外圈没有电接触，此时对电动机内部的寄生耦合电容充电，当润滑介质击穿或电动机运转过程中振动等因素造成轴承内外圈短路时，充电电容放电，形成放电电流；轴承的阻抗很小，它将为由共模电压的 $\mathrm{d}v/\mathrm{d}t$ 所产生的轴电流提供流通路径，形成 $\mathrm{d}v/\mathrm{d}t$ 电流。

目前，抑制轴电流的方法主要有以下几种：

（1）降低载波频率。降低载波频率，可减小轴电压和轴承电流。当载波频率很高时，在给定的周期内发出较多的脉冲会在转子以及定子机壳上感应出更多的容性能量，使轴承更快损坏。但是降低载波频率会带来其他问题。

（2）绝缘轴承。抑制轴承电流最直接的方法是将轴承绝缘。但是这种方法成本较高，且不利于散热。

（3）安装滤波器可以直接减小逆变器侧产生的共模电压，从而抑制了电动机端的轴电压和轴电流。

（4）转轴加接地电刷。转轴上加接地电刷，提供一个电动机转轴到机壳的低阻抗并联通路，从而排除轴电压和轴承电流。接地电刷一般每两至三年需要维护或更换，但成本很低。

在一次风机实例中采用了第（4）种方法，即在高压电动机转轴安装电刷，并通过较短的大截面铜导线可靠接地，如图10-38所示。

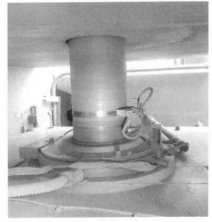

图10-38 转子转轴安装电刷实物图

需要指出的是，由于低压变频器在配置方案中一般配置输出电抗器或者滤波器，在一定程度上抑制了轴电流的产生，因此对于低压变频器驱动的电动机来说，其轴电流相对较小。而对于高压变频驱动系统，尤其是谐波含量较小的变频器，由于无需安装电抗器或者滤波器来抑制谐波，这反而会导致电动机转轴上产生轴电流。

参 考 文 献

[1] 吴忠智，吴加林. 中（高）压大功率变频器应用手册［M］，北京：机械工业出版社，2003.

[2] 赵相宾，仲明振. 加强行业管理实现我国变频器市场的良好发展［J］，电气传动，2003（1）4-6.

[3] 王玉胜，肖吉德. 中国变频器市场发展现状分析［J］，电气时代，2002（11）：31-33.

[4] 周志敏. 中压变频器发展技术与方向综述［J］. 冶金动力，2002（1）：51-52.

[5] 陈伯时. 电力拖动自动控制系统—运动控制系统［M］. 北京：机械工业出版社，2003.

[6] 李华德. 交流调速控制系统［M］. 北京：电子工业出版社，2003.

[7] 汤蕴谬，史乃. 电动机学［M］. 北京：机械工业出版社，1999.

[8] 顾绳谷. 电机及拖动基础［M］. 北京：机械工业出版社，1997.

[9] 王兆安，黄俊. 电力电子技术［M］. 北京：机械工业出版社，2004.

[10] 韩安荣. 通用变频器及其应用［M］. 北京：机械工业出版社，2000.

[11] 吴洪洋，何湘宁. 高功率多电平变换器的研究和应用［J］. 电气传动，2000（30）：7-12.

[12] 齐悦，杨耕，窦曰轩. 基于多电平变换逆变电路的拓扑分析［J］. 电机与控制学报，2002（1）：74-79.

[13] 吴洪洋，何湘宁. 级联型多电平变换器PWM控制方法的仿真研究［J］. 中国电机工程学报，2001（8）：43-46.

[14] 张兴，张崇巍. PWM整流器及其控制［M］. 北京：机械工业出版社，2003.

[15] 陈阿莲，何湘宁，赵荣祥. 一种改进的级联型多电平变换器拓扑［J］. 中国电机工程学报，2003（11）：9-12.

[16] 周京华，张琳，沈传文，等. 多电平逆变器通用组合拓扑结构及调制策略的研究［J］，电气传动 2005（10）：25-30.

[17] 王毅，石新春，朱凌，等. 基于混合载波频率调制的多电平PWM控制策略研究［J］. 中国电机工程学报，2004（11）：188-192.

[18] 单庆晓，潘孟春，李圣怡. 一种新型的级联型逆变器PWM信号随机分配方法研究［J］，中国电机工程学报 2004（2）：156-160.

[19] 陈林，熊有伦，侯立军. 一种基于空间矢量的串联多电平SPWM算法［J］，电气传动，2002（4）：9-11.

[20] 薄保中，刘卫国，罗兵. 单元串联多电平逆变器PWM方法比较研究［J］，电力自动化

设备，2004（2）：84-87.

[21] 吴忠智，吴加林. 中（高）压大功率变频器应用手册 [M]. 北京：机械工业出版社，2003.

[22] 张仲超，方强，何卫东. 组合变流器相移 SPWM 技术研究 [J]. 电力电子技术，1997（2）：9-11.

[23] 张仲超，何卫东，方强，等. 移相式 SPWM 技术——一种新概念 [J]. 浙江大学学报，1999（7）：343-348.

[24] 苏建徽，刘宁，杨向真. 高压变流器同步相移 SPWM 技术的仿真研究 [J]. 合肥工业大学学报，2005（9）：1065-1068.

[25] 毛承雄，李维波，陆继明. 高压变频器共模电压仿真研究 [J]. 中国电机工程学报，2003，57（9）：57-62.

[26] 程汉湘，尹项根，王志华，等. 变频调速中的共模电压分析 [J]，电气传动，2002，（6）：3-8.

[27] 薛定宇，陈阳泉. 基于 MATLAB/Simulink 的系统仿真技术与应用 [M]. 北京：清华大学出版社，2002.

[28] 张燕宾. 通用变频器功能手册 [M]. 北京：机械工业出版社，2004.

[29] 张燕宾. 变频调速 460 问 [M]. 北京：机械工业出版社，2005.

[30] 章勇高，宋平岗，高彦丽，满永奎. 光纤连接在高压变频器中的应用研究，电力电子技术，第 38 卷，第 1 期，（2004），78-80.